최신 개정판

양식조리
기능사 · 산업기사

김병희 · 양동인 · 김동수 · 배인호 · 현명숙 · 박범우 · 정삼식 · 공석길 · 김세환 · 김기훈

"요리의 시작은 스케치부터…"
"진정한 요리의 완성은 필수 재료와 열정 그리고 철학입니다"

조리사의 손길에서 불의 섬세함을 통해 음식의 소화가 증진되며, 영양가와 기호성이 높아지고 음식의 질감은 부드러워지며, 경제성과 상품가치는 높아집니다. 수많은 학생들이 전문 조리사를 꿈꾸며 조리과에 입학해 조리 이론 및 실기를 공부하고 자격증 취득을 위해 노력하고 있습니다.

각 대학에서 후배 양성에 힘쓰며, 많은 현장 경험을 통해 얻은 우리만의 노하우, 스킬, 열정과 철학을 바탕으로 이 책을 소개하게 되었습니다. 또한 양식조리기능사와 산업기사 자격증을 취득하기 위해 노력하는 모든 이들에게 보다 이해하기 쉽게 설명하고자 노력하였습니다. 이 책이 조리를 공부하는 학생들이 전문가로 성장할 수 있도록 도와주는 든든한 지침서가 되길 기대합니다.

본서는 Chapter 1, 2, 3, 4부로 구성되었습니다.

Chapter 1은 서양조리의 의의, 개요 및 역사와 문화를 이해하고 조리인으로서의 기본자세와 마음가짐, 위생의 중요성, 미장 플라스(Mise en Place)의 이해와 서양조리의 다양한 조리법 및 썰기 방법, 허브와 향신료에 대해 설명하였습니다.

Chapter 2는 최신 자료로 조리기능사 취득을 위한 필수 품목 33가지를 실었습니다.

Chapter 3은 산업기사 취득에 많은 도움이 될 수 있도록 산업기사와 기능경기대회 기출문제를 실었으며, 비록 시험에 출제되는 한정된 식재료들이지만, 현장 경험을 바탕으로 다양한 조리법과 체계적인 조리 과정을 통해 현 트렌드에 맞는 조리 예술성과 푸드 스타일링을 표현하고자 하였습니다.

Chapter 4는 서양조리를 전공하고 공부하는 모든 이들에게 꼭 필요하다고 생각하는 조리 전문 용어를 설명하였습니다.

"해야 함은 할 수 있음을 함축한다."는 칸트의 말처럼 인생의 터닝 포인트에서 시작한 책 출간 작업은 많은 노력과 열정에도 불구하고 실행에 옮기는 데 적지 않은 시행착오를 겪었으나 결국 세상에 내놓게 되었습니다.

미흡하고 부족한 부분은 많은 분들의 아낌없는 조언과 충고 부탁드리며, 앞으로 수정·보완하여 수험생들이 실기 시험에 더 많은 도움이 될 수 있도록 노력하겠습니다.

나는 오늘도 쉐프복을 입고 수많은 형태를 가진 접시 위의 공간에 열정과 철학을 담아 고객에게 '최고의 밥상'을 제공하기 위하여 즐겁고 행복한 마음으로 뜨거운 불 앞에 섭니다.

끝으로 이 책이 나올 수 있도록 도와주신 모든 분들께 진심으로 감사드리며, 출판을 도와주신 도서출판 효일 김홍용 사장님과 김동필 실장님께 깊은 감사를 드립니다.

2018년 2월 저자대표 Chef 김병희

Contents

Contents

Chapter
03

양식조리산업기사 실기

Contents

Chapter
04

Chapter 1

WESTERN CUISINE

서양
조리
이론

1. 조리의 의의

지구에 불이 있다는 것은 얼마나 큰 행운이고 행복일까? 여러분은 불의 소중함에 대해 생각해 본 적 있는가? 불이 우리에게 제공해 주는 것은 온기와 빛뿐만이 아니다. 위험으로부터 보호해주며 산행 중이거나 길을 잃었을 때 신호수단이 되고, 뜨거운 음식과 안전한 물을 제공해줄 뿐만 아니라 마음의 평안까지도 제공한다. 영국의 생물학자 다윈은 불 피우는 기술에 대해 언어를 제외한 인간이 이룩한 가장 위대한 발견이라고 평가한 바 있다.

우리가 흔히 말하는 예술이란 무엇일까?

예술은 특별한 재료, 기교, 양식 따위로 감상의 대상이 되는 아름다움을 최대치로 표현하려는 인간의 활동 및 그 작품을 의미한다. 우리는 패션쇼, 그림, 음악, 영화, 뮤지컬 등을 통해서 인간의 감성과 감각을 자극하는 다양한 예술의 세계를 접할 수 있다. 하지만 아쉽게도 인간이 가지고 있는 오감 중 이러한 예술을 통해 느낄 수 없는 한 가지 감각이 있다. 그것은 바로 미각으로, 이는 오로지 음식을 통해서만 느낄 수 있다.

그렇다면 오감을 만족시킬 수 있는 종합예술은 무엇일까? 바로 요리이다.

'요리는 예술이다.'라는 말은 요리의 예술성을 강조한 말이며, 예술성이 있어야 훌륭한 요리가 될 수 있다는 결론도 성립된다.

조리예술이란 고객이 음식을 주문해서 먹기까지 오감을 통해 느낄 수 있는 모든 감각이다. 즉 우리는 조리사가 음식을 준비하는 과정에서 재료 손질을 위한 도마 위의 경쾌한 칼 소리(청각), 코를 통

해 뇌를 자극하는 풍미(후각), 조화를 이루어 아름답게 담긴 접시 위의 음식물(시각), 빵이나 쿠키를 먹기 위해 자를 때의 바삭하거나 촉촉한 느낌(촉각), 입안에서 음식물의 부드러운 질감과 감미로움(미각)과 같이 식사를 통해 오감을 느낄 수 있다. 오감을 만족하게 하는 이러한 요리야말로 진정한 종합예술이 아닐까?

의성 히포크라테스는 약식동원을 강조했다. '음식이 몸을 만든다.' 즉 내가 먹는 음식이 나의 건강 상태를 좌우한다는 의미이다. 의사는 아프거나 위험에 처해있는 환자들에게 약을 처방하고 수술을 해서 건강을 회복시키지만, 조리사는 항상 신선한 재료로 음식을 조리해 건강한 삶을 유지할 수 있게 하고 환자를 치유한다.

또한 프로 조리사는 위생적이고 과학적이면서도 영양적 손실을 최소화시켜야 하며, 경제적 가치를 고려해 행사의 컨셉에 맞는 예술성을 표현해야 한다. 이러한 과정을 통해 음식의 소화가 쉬워지고, 영양가와 기호성이 높아지며 음식의 맛도 좋아진다. 또한 음식의 경제성과 상품가치도 높아진다.

즉, 조리란 다양한 조리방법을 통해 식품 재료를 위생적으로 처리하여 식품의 외관과 청결, 맛, 영양과 색의 조화를 좋게 하고 만복감을 높이는 등의 목적을 달성하기 위한 최종 가공·조작을 말한다.

2. 서양요리의 개요 및 역사

(1) 조리 개요

조리란 식재료를 불과 물 등을 이용하여 각종 작업을 거쳐 맛과 영양, 외관을 좋게 함으로써 먹는 이에게 만족을 주는 최종 가공을 말한다.

생물의 생존을 위해서는 공기와 물 등이 반드시 필요하지만, 그와 함께 필요한 것이 영양소, 바로 음식이다. 이러한 음식을 자연에서 구하기 위해 인류는 채집과 수렵, 사냥 등을 통하여 자연의 재료들을 구하였고, 먹기 어려운 자연의 재료들은 좀 더 먹기 쉽게, 또는 생것보다 더욱 좋은 맛을 내기 위해 불 등으로 가공을 하여 변화시켜 왔다. 이러한 과정을 거쳐 식생활 문화라는 것이 생성되었고, 중세 시대에는 좀 더 좋은 식생활 환경을 누리는 것이 다른 이들보다 상위계급임을 의미한다는 인식이 생기기도 하였다. 이러한 생활은 현재에 이르러서도 계속 진화하고 있으며 음식을 좀 더 가공하여 다양한 형태로 발전시키고, 특히 오늘날에 와서는 천연의 재료에서 얻기 어려웠던 영양을 화학적인 가공 등을 통해 채취하고 가공·생성하여 더 영양가 있는 식품을 섭취할 수 있게 되었다.

(2) 인류의 불 발견과 식재료의 이용

인류는 거친 자연환경과 야생동물 등을 피해 편안하게 살기 위해 많은 노력을 하였다. 추위와 외부의 적을 막기 위해 집과 옷을 만들었고, 생존을 위해 자연의 재료로 음식을 만들어 먹었다. 하지만 추위와 기근 등의 자연재해가 오면 자연스럽게 식재료들은 부족해졌고 이에 인류는 도구를 만들어 식량을 얻기 더 쉽게, 그리고 저장할 수 있도록 하였다.

그 중 하나가 불을 이용한 것인데 불의 발견은 자연적인 환경에서 얻었을 것으로 추측한다. 불을 조리에 이용하게 된 것은 번개로 마른 나무가 불에 타고, 그 불이 삼림 등을 태우면서 같이 타게 된 짐승을 인류가 맛보게 됨으로써 시작되었다. 불에 탄 짐승이 생으로 먹던 짐승보다 좀 더 맛있고 먹기 쉽다는 것을 발견한 인류는 불을 얻기 위해 많은 노력을 하였다. 이러한 노력의 결과 자연적인 불을 계속 보존하는 법과 마른 나무나 가지 등으로 비벼 불을 만들어 내는 법, 부싯돌을 부딪쳐서 나오는 불꽃으로 불을 내는 법 등을 터득하게 되었다. 그 후로 추위를 견디고 음식을 먹는 등의 생존을 위해 불을 만드는 것은 필수요소가 되었다.

불의 발견으로 자연의 재료들을 좀 더 손쉽게 섭취할 수 있게 되었고, 이를 발전시켜 생존을 위해 식재료를 먹는 것이 아니라 음식의 맛을 즐기는 '미식'이라는 즐거움을 만들어 내기까지 했다. 이렇듯 불의 발견은 인간의 식생활에 큰 영향을 끼쳤다.

인류 최초의 조리법은 굽기였다. 직접 불을 가해서 사냥한 고기나 생선을 굽고 먹었을 뿐이었다. 하지만 인류는 사냥뿐만이 아니라 채집을 통해 곡물을 모았고 이러한 곡물을 보관할 적당한 그릇이 필요했다. 그래서 흙 반죽도 굽기 시작했고, 사냥을 통해 잡은 동물의 위나 가죽, 내장 등을 묶어 용기로 사용하였다. 또한 이 주머니에 곡물 대신 물을 넣어 가지고 다니며 사용하기도 했다. 한편 기존에 채집으로 보리 등의 식물의 이삭을 먹던 것이 기원전 8천 년경부터 보리 씨를 뿌려 작물을 재배하는 법을 배우게 되자 인류의 생활은 채집 생활에서 농경 생활로 바뀌게 되었다.

또한, 수렵에 이용하던 돌도끼나 돌칼 등이 음식을 만드는 도구가 되어 사냥한 동물을 분할하거나 잘게 잘라 보관할 수 있도록 만들어졌다. 이것이 점차 발전하여 쇠로 칼을 만들게 되었고, 철이 널리 보급되자 실생활에 쓸 수 있는 도구도 쇠로 만들어 사용하게 되었다. 하지만 이러한 변화는 더디게 나타났는데, 그 이유는 우선 사냥이 먼저였고 그만큼 철제의 가공이 어려웠기 때문이다. 796년에 이탈리아인들이 포크를 사용하기 시작하였으나 이것이 널리 퍼지는 데는 300년이라는 세월이 걸렸다. 포크는 음식을 섭취할 때 도구를 사용하는 것이 손으로 먹는 것보다 위생적이라는 이유로 생겨났다.

불을 발견한 이후에는 식물을 요리하면 섬유질이 파괴되어 먹기 쉬워진다는 것도 발견하게 되어 밥을 지어 먹게 되었다. 이를 더욱더 발전시켜 중국인들은 기원전 1백 년경 곡물을 이용해 술을 만드는 법을 알아냈으며 술을 발효시켜 채소를 절이는 액체(식초)를 만들어 내기도 하였다.

(3) 고대의 조리 역사

고대 문명이 발전하면서 문명마다 특유의 음식을 섭취하였는데 특히 좀 더 높은 계급의 인류는 하층민과는 다른 조리방법과 재료로 음식을 섭취하고자 하였다. 그리하여 요리를 만드는 요리사, 빵을 만드는 제빵사 등이 생겨났는데, 이는 이집트의 고대 벽화 등을 통해서 알 수 있다.

대부분의 고대 문명은 비옥한 땅을 가지고 있어 곡물과 채소, 과일 등이 풍부했으며 야생의 동물을 잡아 사육을 시작하여 육류의 공급이 편해졌다. 또한 동양의 페르시아인들을 비롯한 여러 문명인들은 그들만의 요리법과 식사법을 만들어냈다.

로마 시대에 이르러 우리가 알고 있는 서양요리의 기틀이 점차 만들어지기 시작했다. 로마의 요리사들은 그리스와 다른 지역의 요리법, 노예 등을 통해 그리스인들보다 좀 더 맛있고 다양한 요리를 개발하였다. 육류 요리보다는 주로 곡물 요리가 많았으며 포도주와 과일 등의 음식을 많이 즐겼다. 현재 우리가 즐기고 있는 소와 돼지가 아닌 사향쥐나 토끼 등의 재료를 이용하여 요리하였고, 주식은 곡물을 이용한 죽이었다.

이러한 로마가 현재 프랑스와 독일 지역의 골(Gaule)족을 점령하면서 그들의 조리법을 자연스레 얻게 되었고 로마가 멸망하면서 생겨난 각 나라들도 점차 조리법을 발전시켜 나갔다. 특히 이탈리아 지방이 눈에 띄게 발전했는데, 그 이유는 삼면이 바다여서 동양과 아프리카 등의 많은 문물이 교류되었고 식재료 등이 넘쳐 났으며 다양한 문화가 혼합되어 발전되었기 때문이다.

프랑스는 1553년 오를레앙 공작(앙리 2세)이 이탈리아의 카트린느 드 메디치와 결혼하면서 음식문화가 발전하기 시작한다. 메디치 공작부인은 그녀의 많은 요리사와 제빵사, 요리 재료와 도구 등을 프랑스로 가져왔고, 그전까지 손을 이용하여 음식을 먹던 프랑스 귀족들에게 나이프와 포크 등의 사용을 전파하였다. 또 그녀의 화려하고 다양한 연회를 경험한 다른 귀족들도 이탈리아에서 요리사와 제빵사를 데려와 프랑스 음식문화를 발전시켰다. 이에 프랑스 문화는 성장을 거듭하여 루이 14세 시대에는 유럽 전체에 파급되었으며 문화의 일부와 함께 요리도 같이 전수되어 유럽의 각 궁전에서뿐만 아니라 귀족들까지도 조리, 식료 전 부분을 프랑스 출신 요리사에게 맡길 정도였다.

하지만 시민혁명과 세계대전을 통해 기존의 화려하고 다양했던 프랑스 음식문화는 단순화되어 가는데, 질이 떨어진 것은 아니고 테이블에 음식을 한 번에 내놓는 기존의 방식이 아닌 러시아의 서빙법을 응용한 코스요리법이 탄생했고, 조리법도 기존의 굽는 방법 이외에도 다양한 조리법이 생겨났다. 또한 금세기 초 오귀스뜨 에스코피에라는 요리의 선각자가 등장하여 현대 프랑스 요리의 기초를 체계화시켰으며 국제화된 조리기술을 만들었다. 이후 냉장고와 각종 새로운 조리기구의 탄생으로 조리법은 더욱 다양한 발전을 하였다. 기존의 프랑스 요리의 조리법인 오뜨퀴진을 좀 더 가볍고 영양이 있는 음식으로 발전시킨 누벨퀴진, 그러한 누벨퀴진에 화학적인 방법으로 음식을 좀 더 다른 방법으로 접근한 분자 요리 등 서양요리의 진화는 현재까지도 계속되고 있다.

동양과 서양, 그리고 다양한 지역의 요리는 시간이 지남에 따라 점차 발전해 나가고 있지만, 특히 서양 요리는 그 끝을 모를 정도로 이미 세계로 퍼져 나갔으며 요리의 중심으로 발전해 왔다.

(4) 파티의 역사

유럽에서 진정한 의미의 파티(연회)가 성립된 것은 19세기 이후이며 이때부터 현대풍 매너가 틀을 갖추기 시작했다고 볼 수 있다. 일반 서민들에게 테이블 매너가 전해진 것은 19세기 말이라고 할 수 있다.

1) 루이 왕조 성립 이전의 연회

고대 아테네에서는 '디오니소스 축제'가 3일 밤낮으로 벌어졌다. 디오니소스는 그리스신화에 나오는 신으로 그는 포도나무와 풍요의 상징(Symbol)으로서 인간에게 복도 되고 화도 되는 술, 와인을 그리스에 준 신이다. 이 축제 때는 모든 사람이 일하지 않아도 되며 죄인들도 석방되고 술로 밤을 지새웠다. 그러나 역사적으로 볼 때 사상 최대의 연회는 줄리어스 시저의 개선식으로 1,022실에 22,000개의 식탁이 마련되었고, 무려 260,000명이 연회에 참석하였다.

로마 황제인 네로는 사치가 극에 달해 정오에 연회를 열어 그 다음 날 아침까지 계속했다고 한다. 특히 이 연회에서 산 제물로 동물의 간, 신장, 지방, 꼬리 등이 바쳐졌으며 이것을 사제와 헌제가 나눠 먹었다. 파티에서 서로 잔을 부딪쳐 건배하는 행위도 원래 신들에게 한 잔의 신주를 바치는 풍습이었던 것이 변한 것으로 추측되며 이렇게 건배한 후에 독약이 들었는지를 확인하곤 했다.

또, 중세에 접어들면서 영국에서는 연회 때 에일 맥주(Ale Beer)로 접대하고, 여기에 참석하는 사람들이 각 지역의 아름다운 의상을 입고 참석하였다. 이러한 것들을 오늘날 파티의 원형으로 보고 있으나 이때는 사교의 장으로써 우아함, 기품과는 거리가 멀었다고 할 수 있다.

2) 루이 왕조와 연회

프랑스의 루이 14세는 부르봉 왕조의 왕으로 절대 전제군주의 전형으로 "짐이 곧 국가이다."라고 자칭했다. 그의 별명(대왕, 태양왕)만큼이나 프랑스의 문예 황금시대를 이룩했지만 결국은 과도한 지출로 루이 16세에 와서 프랑스 대혁명이 일어나는 원인을 제공하기도 했다(루이 16세는 유명한 마리 앙투아네트와 함께 처형되었고, 프랑스의 마지막 왕이 되었다).

앙리 4세와 루이 14세는 대식가로 한 번에 수프 4접시, 꿩 1마리, 샐러드 곱빼기, 아일랜드식 스튜 1접시, 햄 2개, 과일과 설탕 바른 과자를 듬뿍 먹었다고 한다. 그 당시 식사 예법은 수프는 큰 그릇에 담아서 각각 스푼으로 떠먹었고, 〈식사예법서〉에 의하면 고기를 품위 있게 잘라 먹는 것과 냅킨을 품위 있게 접는 것, 과일 껍질을 우아하게 벗기는 것도 중요한 예법이었다. 이 시대에는 행동하는 것에 관한 예법에도 새로운 변화가 불었는데, 예를 들면 인사할 때 모자를 벗는 것도 이 시대에 시작되었다. 17세기 중반까지 신사는 실내에 있는 부인들 앞에서도 모자를 쓴 채로 있었으며, 왕 앞에서도 모자를 벗지 않았다. 이것은 외교 사절단에 있어서도 중요한 권리이기도 했다. 이러한 매너는 17세기 이후부터 발전함에 따라 파티도 사교의 장으로서 세련되어져 오늘날의 파티로 이어져 왔다고 볼 수 있다.

유럽 살롱(사교장) 파티의 발달은 16세기 말 프랑스의 사교장에서 시작되었다. 특히 파리의 문예 살롱은 전 유럽 최고의 자리를 차지하였고, 프랑스 문화를 흠모하여 먼 외국에서 온 문학자와 지식인들은 유명 살롱에 드나드는 것을 무한한 자랑거리로 여겼다. 유명한 마담들도 자기 집 객실을 개방해 두고 고상하고 우아한 기사들을 초대하여 자신의 명성을 높였다. 17세기 말에는 파리에만 해도 무려 800여 곳의 살롱이 있었다고 한다.

18세기 살롱 문화의 시작은 메이누 공작부인이었다. 메이누 공작부인은 만년에 베르사유를 떠나 자신이 거주하던 성에 살롱을 열었는데, 그때가 1700년대의 일이었다. 살롱을 주최한 사람들은 모두 여성으로 18세기를 여성의 세기로 일컬었는데, 이 시대가 바로 여성화된 '로코코 시대'였다. 18세기와 17세기 살롱의 성격이 다른 점이 있다면 1750년경까지는 화제가 순수 문학으로 제한되고 귀족적이었던 것에 비해 프랑스 대혁명에 가까워지자 정치와 사회 제도가 화제에 오르게 되었다. 살롱에 소속된 사람의 부류는 귀족뿐만 아니라 상류 서민층도 포함되었다. 이 당시 살롱에서는 무도회와 디너 파티가 자주 열렸다.

귀족의 아침 식사는 오후 2시경으로 1782년에는 오후 3시에 아침 식사를 하였다. 귀족 여성들은 점심때쯤 일어났고 식후에는 극장에 갔으며, 극장이 끝나면 각각 소속되어 있는 살롱으로 흩어져 거리는 북적대기 시작했다. 또한 왕후 귀족들은 3시 반이 되지 않으면 아침 식사를 하지 않았다. 저녁은 10시나 11시가 되어야 먹었다고 작가 메르세는 그의 글에 적어 놓았다.

이 무렵에는 접시도 각각 쓰고 포크도 보급되었으며, 고기는 주방에서 잘라 큰 접시에 가득 쌓듯이 담았던 것에서 고기 양은 적어지고 접시의 수는 늘어나면서 소위 디너파티의 형태가 생기게 되었다. 연회는 파티를 말하며 일반적으로 춤도 췄다. 오늘날에는 디너파티와 댄스파티를 나누고 있지만 원래 파티에서는 반드시 춤을 추었으며 파티 드레스는 춤을 출 수 있는 플레어스커트를 즐겨 입었다. 또, 가면무도회도 많이 행해졌는데 이는 다양한 취향을 고려한 것으로 각자 원하는 가면을 쓰거나 가장을 했다. 이러한 것들을 통해 당시 프랑스가 문화의 중심지였음을 알 수 있다.

1815년경 런던의 유명한 한량인 보 브랑멜과 파리의 에티엔느 도마레리 등이 당시 사교계의 리더였다. 브랑멜의 뒤를 이어 19세기 이후에는 사교계가 화려하게 변했으며 이때 각각의 시간과 장소에 맞춘 복장을 하게 되었다. 당시 옷을 바르게 입는 법이 중요한 학문으로 등장하였다.

3) 이탈리아 메디치가(家)의 살롱 문화

15~18세기 피렌체를 중심으로 한 이탈리아 메디치가(家)의 번영은 문화의 황금시대를 열었다. 이 시기는 피렌체에서 르네상스 문화가 최고에 이르렀고 메디치가의 번영도 정점에 이른 시기이다. 메디치가에서 교황 레오 10세, 클레멘스 7세, 레오 11세가 배출되었고, 특히 프랑스 왕비 카트린 드 메디치는 미술과 문화 영역에서 개성을 유감없이 발휘하였다. 그녀는 서간집에서 뛰어난 문장의 자질을 엿보였는데, 왕권의 고양을 위해 연회와 축제를 자주 열고 그림과 미술품 수집에 전념하였다. 또한 가요, 음악, 연극을 종합한 발레를 창작하여 후에 오페라의 기원이 되었다. 이렇듯 이탈리아 메디치가의 격조 높은 문화는 프랑스 왕가와의 결합으로 이탈리아와 프랑스만의 독특한 문화를 이루어 점차 세계적인 문화로 주목받게 되었다.

4) 레스토랑의 발달

1765년 술집 주인인 아랑쥬라는 남자가 어린이 수프, 닭고기, 삶은 달걀 등 원기 회복 메뉴를 선보인 것이 레스토랑의 시초가 되었다. 이곳에서는 모든 종류의 크림 요리와 쌀로 끓인 포타쥬, 마카로니, 설탕에 졸인 과일 등에 가격표를 붙여 팔았다.

본격적인 레스토랑이 생긴 것은 1815년으로 이 무렵부터 테이블 매너가 오늘날 같은 형식을 갖게 되었다. 파리에 진정한 레스토랑다운 레스토랑이 생긴 것은 1865년경 콘소메와 알 요리, 새고기 요리 등을 팔던 부랑제리라는 사람이 만든 가게가 생긴 때부터이다.

레스토랑이 발달함에 따라 연회와 외식 그리고 가정식을 분명히 구별할 수 있게 되었다. 레스토랑은 값도 비싸고 진귀한 요리를 파는 걸로 유명해졌으며 그 요리를 먹으러 사람들이 모여들었다. 레스토랑마다 각각 특징 있는 요리를 만들었고, 격식을 차린 레스토랑에서는 테이블 매너가 중요시되었다. 나이프, 포크 사용법은 물론 냅킨 사용법과 접는 법까지 중시되었다. 그러나 일반 서민들에게는 19세기 말에 가서야 테이블 매너가 전해졌다.

3. 조리인의 기본자세

(1) 예술가로서의 자세

조리는 우리 인간의 기본적 욕구를 충족시켜 주는 창작 행위이기 때문에 모든 조리인은 예술가라는 마음가짐을 갖고 작업에 임해야 하고, 요리 하나하나에 예술적 감각을 최대로 담아야 한다. 이를 위해 조리이론·기술의 습득뿐만 아니라 미적 감각 배양을 위한 계속된 노력이 필요하다.

(2) 절약하는 자세

조리에 사용되는 기물과 기기를 잘 관리해야 하며, 식재료와 에너지를 사용할 때 절약하는 자세를 가져야 한다.

(3) 협동하는 자세

조리란 주방에서 행해지는 공동 작업으로 동료, 상하 간에 서로 존중하고 협동하는 마음으로 가족 같은 분위기를 조성하며 각자가 솔선수범하는 자세가 필요하다.

(4) 위생관념

조리사에게 있어 위생은 아무리 강조해도 지나치지 않을 정도로 중요하다. 조리사의 위생 상태는 고객의 건강과 직결되므로 항상 개인위생, 주방위생, 식품위생에 주의해야 한다.

(5) 연구·개발하는 자세

항상 새로운 요리를 고객에게 제공할 수 있도록 끊임없이 연구·개발해야 한다.

(6) 서로 사랑하고 배려하는 자세

항상 올바르고 고운 언어를 사용하며, 바른 마음가짐과 행동으로 서로 존중하며 사랑하고 배려하는 마음가짐을 가진다.

(7) 시대에 대처하는 자세

날로 변해가는 첨단정보와 새로운 요리의 동향(Trend)을 파악하여 시대에 적응하며, 새로운 맛을 창출하여 고객에게 감동을 준다.

4. 조리인의 용모와 개인위생

(1) 두발과 모자

① 머리는 단정하게 빗고 뒷머리는 유니폼의 깃을 넘어서는 안 된다.
② 옆머리는 귀가 덮이지 않도록 단정하게 자른다.
③ 면도는 매일 하여 항상 깔끔한 상태를 유지한다.
④ 식사 후 반드시 양치질을 한다.
⑤ 근무 중에 손으로 코를 후비거나 머리, 얼굴, 입 등을 만지지 않는다.
⑥ 모자는 머리 크기에 맞게 조절하여 깊게 써야 한다.

(2) 유니폼

① 조리복은 매일 세탁한 것을 입어야 한다.

② 단추가 떨어졌거나 바느질이 터진 곳은 반드시 수선하여 착용한다.

③ 앞치마는 항상 깨끗하게 착용하고 수시로 점검하며, 끈은 바르게 잘 묶어야 한다.

④ 주머니에 담배나 기타 불필요한 것들을 넣지 않도록 한다.

⑤ 안전화는 규정된 것을 착용하며 더러워진 부분은 깨끗이 세척하고 구겨 신지 않으며 편안하고 앞이 막힌 신발(Closed-toed Shoes)을 신는다.

(3) 스카프 매는 방법

① 삼각으로 된 스카프를 반으로 접고, 다시 반을 접어 이것을 폭 5cm 정도 되게 삼등분하여 접는다.

② 양쪽 손으로 잡고 목을 감아 긴 쪽으로 다른 한쪽을 감아서 위로 넣어 감은 스카프 사이로 집어 넣는다.

③ 한쪽을 당겨 길이를 조절하고 양쪽에 나온 부분을 안쪽으로 돌려 위에서 밀어 넣어 준다.

(4) 조리사의 손

① 손은 항상 깨끗이 하며 시계, 반지 등의 장신구는 착용하지 않는다.

② 손톱은 반드시 짧게 깎아야 하며 불순물이 끼지 않도록 유의한다.

③ 손가락에 상처가 있을 때는 반드시 밴드를 착용하고, 상처가 심할 때는 작업을 중단해야 한다.

그림1	개인위생 (손 위생)

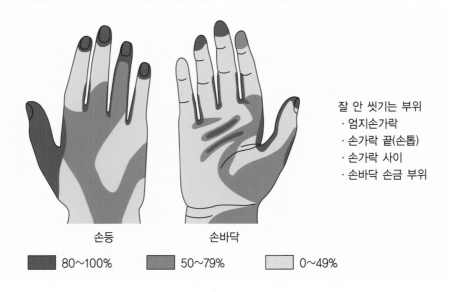

잘 안 씻기는 부위
· 엄지손가락
· 손가락 끝(손톱)
· 손가락 사이
· 손바닥 손금 부위

손등   손바닥

■ 80~100%   ■ 50~79%   □ 0~49%

가) 손을 씻어야 할 때

· 출근한 직후
· 조리를 시작하기 전
· 화장실을 다녀온 후
· 휴식, 식사 등 개인 용무를 마친 후
· 휴대폰이나 전화 사용 후
· 코를 풀거나 재채기 후
· 머리를 만진 후
· 쓰레기 취급 후
· 소독제, 세척제 등을 만진 후
· 생육류, 난류, 채소류, 불결 식품 등을 만진 후
· 불결한 기구, 용기류 등을 취급한 후
· 손을 씻은 뒤 2시간 경과 후

그림2 **올바르게 손 씻는 방법**

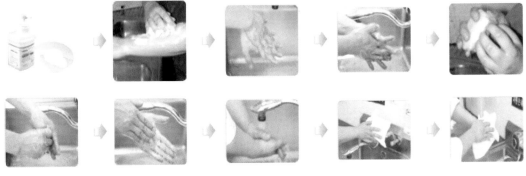

2분 이상 **충분히 세척 후**

손 소독을 실시하며
완전건조 시킨다.

나) 손 씻는 올바른 방법과 순서

· 흐르는 물에 손을 적시고 비누칠을 충분히 한다.
· 손과 손목 특히 손가락 사이와 끝을 잘 문질러준다. 이때 필요하다면 브러시나 솔을 사용하여 손톱 사이의 이물질을 깨끗하게 씻어낸다.
· 흐르는 물에 비누를 잘 씻어주고 5%의 소독액을 손에 묻힌 후 30초 정도 문지른 다음 흐르는 물에 다시 손을 깨끗이 씻어낸다.
· 일회용 냅킨 또는 새 수건으로 닦거나 온풍으로 말린다.

(5) 기준온도

냉 장 : 0℃~10℃
냉 동 : –18℃ 이하
상 온 : 15℃~25℃
실 온 : 1℃~30℃
냉암소 : 0℃~15℃

5. 미쟝 플라스(Mise en Place)

(1) 'Mise en Place'란

영어로는 'Prepared'라고 하며 작업에 필요한 도구와 재료를 사전에 준비하는 것으로 우리말로는 '적재적소 배치'라고 할 수 있다. 구체적으로 그날의 작업을 위하여 필요한 물품들 즉 음식을 만들기 위한 식재료, 팬, 냄비 등의 조리를 위한 모든 것이 준비되었다는 의미이다.

(2) 'Mise en Place'의 목적

실제로 요리가 시작되기 전에 모든 준비 활동을 완결함으로써 조리 과정은 단순화되고 주문에 따라 음식 제공의 속도 및 절차가 무리 없이 이루어질 수 있다. 따라서 업무가 시작되기 전에 조리사 각자는 완벽하게 조리 작업 준비가 끝났는가를 점검할 수 있는 충분한 시간을 가져야 할 필요가 있다. 특히 주방이 효율적으로 조직되어 있는 곳에서는 각 부분(Section)의 조리 준비 작업이 정의되어 있다.

(3) 'Mise en Place'의 필요성

조리할 수 있는 준비 작업이 완벽히 이루어지면 요리는 이미 절반은 완료되었다고 볼 수 있으며, 업무를 효율적, 능률적으로 수행할 수 있는 최소 기본 요건이다. 이 기초 작업은 규모가 큰 주방이나 작은 주방 모두에 해당하는 것으로 조리사 개개인의 능력을 한눈에 평가할 수 있는 방법이기도 하다.

특히 주방 요원 중에서 각 부분 조리사들의 작업을 주시하여 보면, 정확한 조리 작업 준비와 관련해서 그의 업무를 조직적으로 쉽게 소화해내는 능력을 갖춘 조리사를 발견할 수 있다. 예를 들면 혼자 하기 어려운 일도 누구의 도움을 청하지 않고 스스로 쉽게 해결하는 조리사가 있다. 이런 분류의 조리사들은 작업하기 전에 필요한 도구와 기자재의 준비를 완벽히 하는 사람으로서 헬퍼(Helper)가 필요 없는 사람들이다. 이만큼 'Mise en Place'는 업무의 효율성과 개인의 능력을 최대한 발휘하는데 기본이 되는 것이다. 조리장에서 헬퍼까지 지위고하를 막론하고 완벽한 요리 생산을 위한 'Mise en Place'는 주방 운영을 위해서 절대적으로 필요하다.

따라서 모든 조리사는 자기가 맡은 업무에 대한 'Mise en Place'의 필요성을 인식하고 준비해야 할 것이다.

6. 기본 조리 방법(Basic Cooking Method)

조리의 방법은 다양하지만 건조, 훈연, 염장, 숙성 등의 조리법을 제외한 식재료를 섭취하기 위해서는 불을 이용해 조리해야 한다. 불은 열에너지로 이는 기존 식재료의 식감과 맛, 향과 풍미, 영양가를 더욱 좋게 해주는 큰 역할을 한다. 이러한 열을 이용한 조리법은 크게 3가지 방법으로 나눌 수 있는데 물을 사용하는 습열조리(Moist Heat Cooking Method)와 건열조리(Dry Heat Cooking Method), 이 둘을 모두 사용하는 복합조리방법(Combination Cooking Method)이다.

(1) 습열조리방법(Moist Heat Cooking Method)

습열조리법은 물과 수증기를 이용해서 식재료를 조리하는 방법으로 브렌칭(Blanching), 보일링(Boiling), 글레이징(Glazing), 포칭(Poaching), 시머링(Simmering), 스티밍(Steamming) 등이 있다.

1) 브렌칭(Blanching)

브렌칭(Blanching)은 재료를 끓는 물에 단시간 조리하는 것을 말한다. 이때 데칠 재료는 준비한 물보다 적어야 하며 내용물은 30%가 적당하다. 또한 물은 끓는 상태에서 조리를 해야 한다. 주로 시금치 등의 엽채류를 조리할 때 많이 사용되며 데친 후에는 얼음물(Ice Water Bag) 등을 사용하여 차가운 온도로 재료를 식혀야 한다. 이러한 과정을 통해 엽채류의 색상을 선명하게 하는 것뿐만 아니라 육류의 조직을 부드럽게 하며, 식재료의 불순물이나 어·육류의 냄새를 제거할 수 있다. 또한 표면의 단백질을 응고시켜 영양소가 빠져나가지 못하게 한다.

2) 보일링(Boiling)

육수(Stock)나 물을 이용하여 100℃로 끓이는 조리법을 보일링(Boiling)이라고 한다. 시작은 찬물부터, 또는 끓는 상태에서 하는 법 두 가지가 있는데, 각각 어떠한 재료를 사용하느냐에 따라 사용법이 구분된다.

육수나 육류를 끓이는 경우 찬물로 끓여야 불순물을 제거할 수 있으며 끓는 물에서 조리를 시작하는 경우에는 브렌칭(Blanching)과 같이 채소의 영양소 파괴를 막을 수 있고, 자극적인 맛을 덜 수 있으며 재료의 색을 보존할 수 있다.

3) 글레이징(Glazing)

당근이나 무, 채소 등을 요리할 때 육수, 와인, 설탕, 레몬주스, 버터, 전분 등을 이용하여 음식을 윤기나게 코팅하는 방법이다.

4) 포칭(Poaching)

재료를 비등점 아래의 온도(65~80℃)에서 익히는 조리법을 말한다. 주로 끓지 않는 온도로 시작하며 일반적으로 향을 더하기 위해 육수(Stock)나 부이용(Bouillon) 등을 사용한다. 포치 에그(Poached Egg)는 조리 시 식초와 소금을 넣고 조리하며, 솔 모르네(Sole Mornay) 조리 방법은 샤롯 포칭(Shallow Poaching)에 해당 하며 해산물을 익힐 때도 사용된다.

포칭(Poaching)에는 두 가지의 대표적인 방법이 있는데 적은 양의 스톡과 와인을 이용하여 생선 또는 가금류를 조리할 때 쓰는 샤롯 포칭(Shallow Poaching)과, 많은 양의 스톡을 이용하여 식재료를 넣고 서서히 익히는 서멀지 포칭(Submerge Poaching)이 있다.

5) 시머링(Simmering)

포칭(Poaching)과 보일링(Boiling)의 혼합 조리 방법으로 95~98℃의 온도에서 장시간 끓이는 조리법이다. 은근하게 끓이는 조리법으로 육질을 연하게 해주며 재료의 풍부한 맛을 얻을 수 있다.

6) 스티밍(Steaming)

끓는 물에서 나오는 수증기를 이용하는 조리법으로 주로 동양권에서 많이 사용된다. 작은 공간에서 많은 양의 재료를 형태의 변형 없이 조리할 수 있고, 특히 풍미와 신선도를 유지하며 영양적으로 조리할 수 있다.

(2) 건열조리방법(Dry Heat Cooking Method)

건열조리법은 직·간접적으로 불을 이용하는 조리법과 기름을 사용해 조리하는 방법이 있다.

베이킹(Baking), 브로일링(Broilling), 딥팻프라잉(Deep Fat Frying), 그라탱(Gratinating), 그릴링(Grilling), 로스팅(Roasting), 소테(Sauté), 팬프라잉(Pan Frying), 스티얼프라잉(Stir Frying) 등이 있다.

1) 베이킹(Baking)

오븐을 이용하는 조리법으로 로스팅(Roasting)과 비슷하나 베이킹(Baking)은 빵(Bread)류, 쿠키(Cookie)류, 타르트(Tarte)류, 파이(Pie)류, 케이크(Cake)류 등 베이커리(Bakery)에서 많이 사용하는 방법이다.

2) 브로일링(Broiling)

윗면에서 나오는 높은 열로 아래의 철판 또는 석쇠를 달궈 재료를 익히는 조리 방법이다. 윗면에서 나오는 열은 살라만더(Salamander)와 동일하나 직접적으로 열이 전달되는 부분뿐만 아니라 바닥면까지 가열시켜 양쪽에서 열을 낸다는 것이 크게 다른 점이다. 그릴(Grill)보다는 조리 시간을 단축시킬 수 있다는 장점이 있는 반면 아랫면의 달궈진 철판이나 석쇠의 온도를 조절하기 어렵다는 단점이 있다.

3) 딥팻프라잉(Deep Fat Frying)

많은 양의 기름에 재료를 튀기는 것을 말하며, 적은 양의 재료를 튀기는 스위밍(Swimming Method)과 많은 양의 재료를 튀기는 바스켓(Basket Method)의 두 가지 방법이 있다.

딥팻프라잉(Deep Fat Frying)의 특징은 로스팅(Roast)과 같이 공기로 조리하는 것보다 기름을 통해 조리하기 때문에 열전도율이 좋아 조리 시간이 단축되며 기름이 함유되어 재료의 풍미를 더해 준다. 채소를 조리할 때는 육류에 비해 비교적 낮은 온도(140~150℃)에서 조리하고, 그 외 육류는 170~180℃ 사이에서 조리한다. 하지만 조리를 할 때 사용한 기름을 처리해야 하는 단점이 있다. 기름을 오래 보관하게 되면 산패되어 맛과 향을 잃게 되고 배탈 등이 생길 수 있기 때문에 사용 후 폐기해야 한다.

4) 그라탱(Gratinating)

요리의 마무리 조리 방법으로 크림(Cream), 치즈(Cheese), 달걀(Egg), 버터(Butter) 등을 요리의 표면에 뿌려서 살라만더(Salamander) 또는 오븐을 이용하여 표면을 갈색으로 굽는 조리방법이다.

5) 그릴링(Grilling)

그릴(Grill) 또는 차 그릴(Char Grill)이란 기구로 조리하는 방법이다. 스테이크 등 육류의 구이를 할 때 빠질 수 없는 기구이며 재료에 직접 열을 가하기 때문에 숯불 향을 낼 수 있다. 최근에는 숯불이 아닌 가스 그릴을 이용하며, 온도 조절이 브로일링(Broiling)보다 용이해 많이 사용하는 조리기구 및 조리법이다.

6) 로스팅(Roasting)

오븐 또는 화덕을 통해 재료를 익히는 조리 방법이다. 직접적으로 불이 닿지 않으며 더운 열이 내부에서 순환하여 식재료를 익히는 원리이다. 프랑스어로는 'Rotti(로티)'라고 하며 육류 요리에 잘 어울리는 조리법이다.

최근에는 컨벤션 오븐의 대중화로 로스팅(Roasting) 외의 다양한 조리를 오븐을 이용해서 할 수 있게 되었다.

7) 소테(Sauté)

열을 팬으로 전달하여 익히는 대표적인 조리법 중의 하나인 소테(Sauté)는 적은 양의 재료를 볶을 때 유용한 조리법이다. 식재료의 영양소 파괴를 최소화하고, 육류 조리 시 육즙이 나오지 않게 표면만 익힐 때 사용하기도 한다.

8) 팬프라잉(Pan Frying)

팬프라잉(Pna Frying)도 소테(Sauté)와 비슷하나 조리 시 온도가 소테(Sauté)보다 낮으며 조리 시간이 길다. 온도가 너무 낮아지면 식재료에 기름이 너무 많이 흡수되고, 질감 또한 바삭한 맛이 적어지기 때문에 160~180℃의 온도로 시작하는 것이 좋다.

9) 스티얼프라잉(Stir Frying)

중식요리는 웍(Wok)이란 프라이팬을 이용해서 다양한 조리를 하는데 이것을 스티얼프라잉(Stir Frying)이라 한다. 기본적인 방법은 소테(Sauté)와 동일하다. 중식요리는 고열에서 단시간 조리한다.

(3) 복합조리방법(Combination Cooking Method)

습열과 건열을 모두 포함하는 복합조리방법은 'Combination Cooking Method'라고 하며 이는 조리 과정에서 두 가지 이상의 조리 방법을 가지고 있다. 건열·습열조리 방법 두 가지 모두를 이용하며 그 종류에는 브레이징(Braising), 스튜잉(Stewing), 쁘왈레(Poeler) 등이 있다.

하지만 조리법에는 순서가 있는데 색을 내는 조리 방법에는 건열조리방법을 먼저 사용하고, 이후 습열조리로 마무리하는 것이 대부분이다. 그러나 반대로 감자를 조리할 때와 같은 경우에는 조리 시간을 단축하기 위해서 습열조리로 먼저 삶은 후 건져 물기를 제거한 후 딥팻프라잉(Deep Fat Frying)하기도 한다.

1) 브레이징(Braising)

브레이징(Braising)은 건열과 습열을 모두 사용하는 조리법으로서 크기가 큰 육류 요리를 할 때 많이 사용된다. 우선 표면을 씨어링(Searing)하여 육즙이 나오는 것을 막아주고 냄비에 육수와 와인, 향신료 등을 넣어 끓인 후 조리한 고기를 넣어 뚜껑을 덮고 습열로 조리한다. 이때 오븐에 넣어서 조리해도 된다. 뚜껑을 덮고 조리하는 이유는 고기 표면이 마를 수 있기 때문인데, 뚜껑을 열고 조리하게 된다면 바닥의 소스를 고기 위로 끼얹어 익혀야 한다.

2) 스튜잉(Stewing)

스튜(Stew)는 식재료가 충분히 잠길 정도로 소스나 육수(Stock)가 넉넉해야 한다. 조리 시간이 짧은 이유는 브레이징보다 식재료가 작기 때문이며, 조리 방법은 재료를 소테(Sauté)하여 표면을 익힌 다음 소스와 육수 등을 넣어 습열조리하는 것이다.

3) 쁘왈레(Poeler)

브레이징(Braising)과 비슷하나 냄비의 뚜껑을 덮어 오븐에 넣어 조리한다는 차이점이 있다. 조리를 마친 후 냄비의 남은 육즙에 포도주 또는 브라운 소스를 넣어 조린 후 체에 걸러 소스로 사용한다.

(4) 기타 조리법

1) 베이스팅(Basting)

음식이 건조되는 것을 막고 풍미를 증가시키기 위해 이용된다. 식재료를 익힐 때 나온 육즙이나 버터, 기름, 국물 등을 끼얹는 조리 방법이다.

2) 블랜딩(Blending)

두 가지 이상의 재료를 잘 융합될 때까지 섞는 방법이다.

3) 크리밍(Creaming)

버터나 달걀흰자 등을 거품기나 혼합기를 이용하여 부드러워질 때까지 치대는 방법이다.

4) 글라쎄이닝(Glaceing)

설탕, 시럽 등을 식재료나 음식에 얇게 바르는 것이다.

5) 마이크로웨이브(Microwave)

전자레인지를 말하여, 마이크로웨이브(Microwave)는 빛의 파장인 초단파를 이용하는 방법으로 식재료 안의 수분을 진동시켜 열을 내어 조리하는 방법이다. 조리법이 쉽고 간단하며 조리 시간이 짧아 영양소 손실이 적다. 주로 해동과 데우기에 많이 사용한다.

6) 빠삐요트(Papillote)

기름종이에 육류, 생선, 채소, 향신료 등을 넣고 싸서 굽는 조리 방법이다.

7) 파보일링(Parboiling)

완전히 익히지 않고 겉만 익도록 끓이는 조리 방법이다.

8) 피클링(Pickling)

양파, 마늘, 오이 등의 채소를 장기간 보존할 수 있게 하기 위해서 채소를 깨끗이 손질한 다음 설탕, 식초, 향신료 등을 사용하여 절이는 조리 방법이다.

9) 씨어링(Searing)

육즙이 빠져 나오지 않도록 가열된 팬에서 식재료의 표면을 갈색화시키는 조리 방법이다.

10) 스모킹(Smoking)

햄, 소시지, 생선 등의 비린내를 제거하고 특유의 향을 내기 위하여 돼지고기나 연어를 손질하여 소금에 절인 후 연기를 쪼이는 조리 방법이다.

11) 바큠쿠킹(Vacuum Cooking)

수 비드(Sous Vide)라고도 하며, 적은 양의 식재료나 완성된 요리를 진공포장해서 원하는 시간에 데워주는데, 포장된 식품을 그대로 데워서 사용하며 균의 오염을 막아주는 조리 방법이다.

12) 휘핑(Whipping)

거품기나 포크를 사용하여 빠른 속도로 거품을 내고 공기를 함유하게 하는 조리 방법이다.

7. 서양요리의 기본 썰기 용어

(1) 채소 자르는 방법

성질이 비슷한 채소라도 요리의 종류에 따라 형태와 모양, 크기를 다르게 해야 그 요리의 풍미를 유지할 수 있다. 식재료는 써는 방법에 따라 완성된 요리의 시각적인 효과를 높이고 재료의 익는 정도를 조절하고 균일한 맛을 낼 수 있다. 그리고 써는 방법에 대한 용어를 인지하여야 레시피(Recipe)에 대한 이해를 높일 수 있다.

요리하기 위한 써는 모양과 크기는 다음과 같이 정리한다.

1) 막대 모양으로 썰기(Cutting Stick)

- Fine Julienne(파인 쥴리엔느) : 0.15×0.15×3~5cm 막대 모양으로 써는 방법
- Julienne(쥴리엔느) : 0.3×0.3×2.5~5cm 막대 모양으로 써는 방법
- Allumette(알뤼메뜨) : 0.32×0.32×2.5~5cm 성냥개비 모양으로 써는 방법
- Batonnet(바또네뜨) : 0.64×0.64×5~6.4cm 크기의 막대 모양으로 써는 방법
- Pont-Neuf(퐁-뉘프) : 1.27×1.27×7.6cm 크기의 막대 모양으로 써는 방법
- Chiffonade(치포나드) : 실처럼 가늘게 채 써는 방법
  (허브나 채소의 얇은 잎을 둥글게 말아서 써는 방법)
- Cheveux(쉬브) : 머리카락처럼 가늘게 써는 방법

2) 주사위 모양 썰기(Dice)

- Brunoise(브뤼누이즈) : 가로와 세로 0.3cm 정육면체 모양으로 써는 방법
- Cube(큐브) : 가로와 세로 1.5cm 정육면체 모양으로 써는 방법
- Dice Small(다이스 스몰) : 0.6×0.6×0.6cm 정육면체 모양으로 써는 방법
- Dice Medium(다이스 미디엄) : 1.2×1.2×1.2cm 정육면체 모양으로 써는 방법
- Dice Large(다이스 라지) : 2.0×2.0×2.0cm 정육면체 모양으로 써는 방법
- Concasse(콩카세) : 껍질과 씨를 제거하고 0.5cm의 정육면체 모양으로 써는 방법

3) 얇게 썰기(Slice)

- Rondelle(론델) : 둥글고 얇게 써는 방법
- Diagonals(다이에그널) : 어슷하게 써는 방법

4) 기타 모양으로 썰기

- Chateau(샤토) : 5cm 길이의 타원형 모양으로 써는 방법
- Cornet(꼬흐네) : 나팔모양으로 써는 방법
- Domino(도미노) : 1~1.5cm 크기의 정사각형으로 써는 방법
- Emincer(에멩세) : 얇게 저며 써는 방법(양파, 버섯 등)
- Hacher(아세) : 잘게 다지는 방법(양파, 당근, 고기) = Chop
- Jardiniere(자흐디니에르) : 샐러드 채소 썰기에 주로 이용하는 방법(3.5×3.5×3.5cm)
- Mince(민스) : 채소나 고기를 잘게 다지는 방법
- Macedoine(마세두완) : 과일 종류를 1~1.5cm 주사위형으로 써는 방법
- Noisette(누아젯뜨) : 지름 3cm 정도의 둥근형으로 써는 방법
- Olivette(올리베뜨) : 올리브 모양으로 써는 방법
- Parisienne(파리지엔느) : 둥글게 모양을 내어 뜬 것[볼 커터(Parisian Scoop) 이용]
- Paysanne(페이쟌느) : 1.2×1.2×0.4cm 크기의 얇은 정사각형이나 정마름모 모양으로 써는 방법
- Printanier(쁘랭타니에) : 가로와 세로 3.5cm의 주사위형이나 가로와 세로 1cm의 다이아몬드 형으로 써는 방법
- Russe(뤼스) : 가로와 세로 5cm, 길이 2~3cm 정도로 써는 방법
- Salpicon(살피콘) : 고기 종류를 작은 정사각형으로 써는 방법
- Tranche(트랑쉬) : 고기 등을 넓은 조각으로 자르는 방법

- Troncon(트랑숑) : 토막으로 자르는 방법
- Tourner(투르네) : 돌리면서 깎는 방법(5cm×7면)
- Vichy(비치) : 0.4cm 두께로 둥글게 썰어 가장자리를 돌려 써는 방법
- Wedge(웨지) : 둥근 식재료를 1/4 이상 자르는 방법

8. 식재료의 계량

(1) 계량단위

1) 한국에서 사용되는 계량단위

- 물을 계량할 때의 계량단위
- 서양의 경우 1C = 240cc = 16Ts

2) 양식에서 사용되는 계량단위

표준 계량단위는 물을 기준으로 하는 것이며, 따라서 식품재료의 종류에 따라 무게는 달라진다.

1티스푼(ts, teaspoon) = 5mL
1테이블스푼(Ts, Tablespoon) = 15mL
1테이블스푼 = 3티스푼
1컵 = 200mL

1테이블스푼 = 3티스푼	1갤런(Gallon) = 128온스
1온스(oz, ounce) = 2테이블스푼	1파인트(Pint) = 2컵
1컵 = 16테이블스푼	1쿼트(Quart) = 4컵
1온스 = 30mL	1갤런(Gallon) = 16컵
1컵 = 8온스	1온스 = 28.35그램(g, gram)
1쿼트(Quart) = 32온스	1파운드(Pound) = 454그램

3) 식품별 계량단위와 무게(g)

재료	계량단위	무게(g)	재료	계량단위	무게(g)
분유	1컵	115	식용유	1컵	225
밀가루 (강력, 중력)	1컵	113. 5	밀가루(박력)	1컵	120
옥수수전분	1테이블스푼	8.5	주석산크림	1테이블스푼	9.5
젤라틴	1티스푼	3	땅콩버터	1컵	260
계핏가루	1테이블스푼	6	코코아(체 친 것)	1컵	107
버터, 마가린	1티스푼	4	황설탕	1컵	151
쌀	1컵	225	분당	1컵	130
정백당	1컵	202	달걀(전란)	1컵(200mL)	4개

(2) 온도 계산법

섭씨(℃ : Centigrade)

화씨(°F : Fahrenheit)

섭씨를 화씨로 고치는 공식 : $°F = 9/5℃ + 32$

화씨를 섭씨로 고치는 공식 : $℃ = 5/9(°F - 32)$

9. 허브(Herb) & 향신료(Spice)

허브(Herb)는 푸른 풀을 의미하는 라틴어의 'Herba(허바 : 녹색 풀)'에서 왔다. 향과 약초라는 뜻으로 써오다가 BC 4세기경 그리스 학자인 테오프라스토스가 식물을 교목·관목·초본 등으로 나누면서 처음으로 허브라는 말을 쓰게 되었다. 요리에서 허브는 사람들의 생활에 도움이 되고 향기가 있는 식물의 총칭을 말하며 잎, 줄기, 꽃, 뿌리 등이 이용된다. 새로운 허브의 의미는 건강, 식용, 신선함, 미용을 충족시키는 인간에게 유익한 식물을 말한다.

향신료(Spice)는 방향성과 자극성을 가진 식물의 종자, 열매, 뿌리, 줄기, 껍질 등에서 얻어지는 재료들로 음식을 만들 때 첨가하여 식품의 풍미(Flavor)를 더하며, 식욕을 증진시키고, 맛을 향상시키며, 소화기능을 도와주는 역할을 한다. 향신료는 통째로 또는 가루로 만들어서 사용하지만, 허브는 신선한 형태로 사용하거나 말린 형태로 사용한다.

'Spice'는 향신료, 'Herb'는 향신채(소)라고 이해하는 것이 좋을 듯하다.

허브(Herb) & 향신료(Spice)

Allspice(올스파이스)

산지 : 자메이카에서 자라는 열대 상록수 열매에서 생산되고 멕시코, Antilles섬, 남미에서도 재배

특징 : Pimiento, Pimenta, Jamaica pepper로 알려진 이것은 흑갈색 씨가 있고 Clove, Nutmeg, Cinnamon과 향이 거의 비슷하다.

용도 : Ham, Sausage, Fish, Pickle, Relish, Dessert, Beef Stew, Spaghetti Sauce, Vegetable Soup, Cake, Cookie, Tomato Dish 에 사용

Angelica(신선초)

산지 : 아열대 지방

특징 : 생명력이 강해 잘 자라며, 최근에 건강채소로 관심이 집중되면서 재배하는 곳이 많이 늘어났으며, 미나리과에 속한다.

용도 : 당뇨병 및 간 기능 강화와 독성분 배출에 탁월하여, 샐러드나 즙으로 많이 사용

Anise(아니스)

산지 : 원산지는 동양이지만 멕시코, 스페인, 모로코, 지중해, 유고, 터키, 러시아에 서식

특징 : Herb Anise는 Vegetables Anise와 Star Anise와는 구별되며, 채소 Anise는 구근으로 판별하고 Star Anise는 중국 목련 나무씨와 그 씨방이다. Star Anise는 중국에서 오향 장육이나 동파육을 만들 때 넣는 팔각이라고도 한다. Parsley 과의 식물로 45cm까지 자라며, 씨는 단단하고 녹갈색이며, 향으로 이용되며 스페인 Malage 종과 Russia 종이 있다.

용도 : 양조산업의 천연재료로 Pastry, Cookie, Bread, Candy, Pickle, Fish, Bird's Dish, Chinese Food 등에 사용하며, Anise Oil은 기침약 등에 사용

Basil(바질)

산지 : 동아시아와 중앙유럽이 원산지이다.

특징 : Mint 과에 속하는 식물로 높이 45cm까지 자라고, 꽃과 잎은 오랫동안 요리에 이용되어 왔다.

용도 : Fish, Meat Dish, Soup, Sauce, Salad, Tomato Product, Pickle, Spaghetti에 사용

Bay Leaf(월계수 잎)

산지 : 지중해 연안, 이탈리아, 그리스, 터키

특징 : 상록 관목 나무로 길이가 2~4cm 되는 짙은 녹색의 잎이며 잎사귀를 건조시켜 요리에 사용한다.

용도 : 육류나 닭요리에 사용하며, 거의 모든 요리에 사용

Borage(보라지)

산지 : 지중해 연안

특징 : 높이 40~100cm까지 자라며, 전체가 흰 털로 덮여 있다. 줄기가 자라면서 위로 올라갈수록 잎의 크기가 작다. 잎은 최대 길이 24cm, 너비 10cm까지 자라며 녹색의 타원형으로 아주 가는 털이 있어 만지면 약간 아프다. 이렇게 큰 잎 때문에 프랑스에서는 '소의 혀'라고 한다. 꽃은 푸른색으로 별 모양이며 마치 고개를 숙인 듯 청초해 보인다. 꽃이 한꺼번에 피지 않고 시간 간격을 두고 차례로 핀다.

용도 : 부드러운 잎에서는 독특한 오이향이 나서 샐러드, 생선요리와 닭요리 등에 이용하고 꽃잎은 샐러드, 와인, 펀치 등을 장식하는 데에 사용

Caper(케이퍼)

산지 : 지중해, 스페인, 이탈리아

특징 : Caper 잡목의 꽃봉오리이며, 크기에 따라 Nonpareilles(소), Surfiness(중), Capucines(대) 등으로 구별하며 소금물에 담갔다가 식초에 담아 사용한다.

용도 : Smoked Salmon, Fish Sauce에 사용

Caraway(캐러웨이)

산지 : 소아시아에서 유래되고 유럽, 북페르시아, 시베리아, 히말라야에서 재배

특징 : 초본식물로 많은 가지를 가지고 있으며 60cm 이상 자랐을 때 흰 꽃을 피우며, Seed는 3mm의 길이를 가지고 있고 상추씨와 비슷하다.

용도 : Rye bread, Sauerkraut, Beef Stew, Soup, Candy, Liqueurs, Cheese Product, Cake, Liver Dish 등에 사용

Chervil(처빌)

산지 : 서부아시아, 러시아, 코카서스 지방

특징 : 정원초로서 강한 향을 가지며, 순한 Parsley 향을 가지고 있다.

용도 : Soup, Sauce, Salad, Roast Lamb 등에 사용

Chive(차이브)

산지 : 유럽, 미국, 러시아, 일본

특징 : 정원초로 부추와 비슷하며, 뿌리는 구근같이 생겼고 잎은 순한 향을 가지고 있다.

용도 : Salad, Fish Dish, Cream Cheese, Omelets, Garnish로 사용

Cinnamon(시나몬)

산지 : 중국, 인도네시아, 인도차이나

특징 : Cinnamon과 상록수로 건조시킨 나무 껍질이며, 이 외피를 문질러 그 안에 엷은 갈색 줄무늬가 있는 것을 서서히 말리면 되는데, 얇은 것이 우수 품종이다.

용도 : Pastry, Bread, Pudding, Cake, Candy, Cookie, Fruit, Compote에 사용

Clove(클로브)

산지 : 인도네시아

특징 : 열대식물의 덜 익은 꽃봉오리를 건조시킨 흑갈색의 못같이 생긴 것이며 짙은 향을 가지고 있다.

용도 : Marinade, Lamb Leg, Red Cabbage, Game, Meat Stew, Pork Dish, Cream Soup, Pickle, Fruit Cake, Ginger Bread Honey Cake, Pepper Cake, Cookie, Roast Chicken, Fried Fish 등에 사용

Coriander(코리앤더)

산지 : 지중해 연안, 모로코 남부, 프랑스, 동양

특징 : 미나리과에 속하는 60cm 정도의 크기로 후추 알 크기의 씨를 가지고 있다.

용도 : Ginger Bread, Cake, Pastry, Pickle, Curry Powder, Marinade, Salad, Cocoa에 사용

Cresson(크레송)

산지 : 유럽 중부에서 남부, 아시아 남서부

특징 : 크레송은 단백질, 칼슘, 철분, 비타민 A, B_1, B_2, C, E 등이 다량 함유되어 영양가도 높다. 요오드 화합물이 함유되어 해독, 해열, 이뇨, 소화 작용을 도우며 당뇨병, 신경통, 통풍에도 효과가 있다.

용도 : Meat, Fish, Salad에 사용

Curry(커리)

산지 : 인도

특징 : 풍부한 향신료를 엄격한 종교 형식과 전통에 따라 배합해 쓰며 그 주재료는 Turmeric, Coriander, Black Pepper, Pimento, Ginger, Cardamon, Caraway, Cinnamon, Mace, Clove 등으로 단맛과 여러 조화된 향을 가지고 있으며 노란색이다.

용도 : Rice, Chicken Curry Sauce, Egg Dish, Vegetable, Fish Dish 등에 첨가하여 풍미를 증가시킨다.

Cumin(큐민)

산지 : 북아프리카, 이집트, 터키, 시실리아섬, 몰타섬, 인도, 중국, 이란, 시리아, 미국 등

특징 : Cumin과 Caraway는 같은 Parsley 과에 속하면서도 향에 뚜렷한 차이가 난다. 프랑스에서는 Cumin de pres, Cumin de carvi로 구분되며, 전자를 Cumin, 후자를 Caraway로 구분한다.

용도 : Curry Powder, Chili Powder, Sausage, Pickle, Cheese, Meat, Bread 등에 사용

Dill(딜)

산지 : 유럽, 미국과 서인도제도

특징 : 독일의 정원풀로 Caraway와 형태나 맛이 비슷하며, 씨나 가지의 다발로 사용한다.

용도 : Pickle, Salad, Sauerkraut, Soup, Sauce, Pudding, Potato Salad 등에 사용

Fennel(펜넬)

산지 : 지중해 연안

특징 : 중국명 회향을 말하며, 잎은 새 깃털처럼 가늘고 섬세하며 긴 잎자루 밑쪽이 줄기를 안듯이 둘러싸고 있다. 생선의 비린내, 육류의 느끼함과 누린내를 없애고 Anis 향이 난다.

용도 : Sauce, Bread, Fish, Meat, Pickle 등에 사용

Garlic(마늘)

산지 : 중앙아시아, 지중해, 동양

특징 : 구근이 성장한 것으로, 구근은 6~12쪽의 조각으로 갈라져 있고 각 조각에는 껍질이 있으며, 톡 쏘는 매운맛과 향을 가지고 있다.

용도 : Meat Dish, Soup, Sauce, Salad, Dressing, Pasta Dish, Pickle, Goulash, Italian Dish 등에 사용

Ginger(생강)

산지 : 아시아가 원산지이고 중국, 일본, 자메이카, 아프리카에서 재배

특징 : 갈대와 비슷한 잎을 가진 초본이며 그 뿌리를 사용하는데, 풍미가 얼얼하고 향기로우며 10달 정도 키운 것이 제일 좋은 품질이다.

용도 : Pickle, Stew, Egg Dish, Fruit Cake, Ice Cream, Ginger Milk, Vermouth, Ginger Ale, Ginger Beer, Marmalade, Confection, Onion Soup, Potato Soup, Curry Sauce, Bean Curd Dish 등에 사용

Horseradish(홀스레디쉬)

산지 : 중앙 유럽과 아시아

특징 : 겨자과의 관상용 식물의 한 종류인 다년생 초본식물로 황갈색 뿌리는 대략 45cm이고 뿌리 속은 흰색이며, 특이한 향과 톡 쏘는 매운맛을 가지고 있다. 이 뿌리의 껍질을 벗겨 갈아서 식초와 유유를 넣고 끓여 사용한다.

용도 : White Sauce, Fish, Meat Dish, Roast Beef, Sauce, Boiled Beef 등에 사용

Italian Parsley(이탈리안 파슬리)

산지 : 지중해 연안, 프랑스 남부, 이탈리아

특징 : 진한 녹색의 빛깔을 띠고, 넓적한 잎을 가지고 있으며 줄기는 굵다.

용도 : Salad, Soup, Fish, Meat 등에 사용

Juniper(쥬니퍼)

산지 : 이탈리아, 체코슬로바키아, 루마니아

특징 : 삼나무과에 속하는 관목 상록수로 완두콩 크기만 한 열매가 나오기 시작해서 두 번째 계절에 수확한다. 이탈리아에서는 그 열매를 손으로 따는데 이것이 최상품이다.

용도 : Sauerkraut, Roast wild Boar, Gin, Liqueur, Cordial, Cake 등에 사용

Mace(메이스)

산지 : 인도네시아 Molucca섬

특징 : 열대 상록수 Nutmeg 나무의 꽃이나 껍질에서 얻는 것으로, Nutmeg보다는 향기가 짙으며 적황색의 것이 좋다.

용도 : Pickle, Preserves, Sauce, Pound Cake, Bread, Pudding, Pastry, Ragouts, Meat-processing Industry 등에 사용

Marjoram(마조람)

산지 : 지중해 연안

특징 : Sweet한 맛과 야생의 아린 맛을 내는 2종류가 있다. 영국, 프랑스, 독일, 체코슬로바키아 등에서 재배되며, 이 초본에 연한 장밋빛 꽃이 피면 잘라 건조시킨다.

용도 : Potato Soup, Stuffed Goose, Herb Sauce, Liver Dumpling, Snail, Roast Rabbit, Ham, Sausage, Stew, Lamb, Liver Dish, Fish Dish, Turtle Soup 등에 사용

Apple Mint(민트)

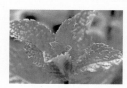

산지 : 유럽

특징 : 사과와 박하를 섞은 듯한 순한 향기가 나며, 잎이 달걀형으로 둥글며 연하게 느껴지고 흰 털이 나있다.

용도 : Egg Dish, Fish, Meat, Dessert 등에 사용

PepperMint(페퍼민트)

산지 : 전 유럽과 미국에서 재배되고 있으며, 유럽이 원산지인 Spearmint는 영국과 미국에서 재배되고 있다.

특징 : 청량감 있는 향기로 머리를 맑게 하여 기분을 상쾌하게 해주기도 하고 정신피로나 졸음도 쫓아주며, 구취를 방지하는 효과로 치약에 많이 쓰인다. 꽃은 보라색으로 6~7월에 잎겨드랑이에서 수상꽃 차례로 핀다. 종 모양의 꽃받침은 5편으로 갈라지며, 4편으로 갈라진 꽃부리는 꽃받침보다 길다. 정유는 잎에 많이 함유되어 있고, 꽃이 피는 오전이나 아침 이슬이 마를 무렵에 함량이 가장 높아 6~7월에 수확한다.

용도 : Peppermint Cookery는 Pastry, Liqueur, Cordial, Candy, Beverage 등에 사용. Spearmint는 Lamb, Vegetable, Fruit Soup, Potato, Ice Cream, Sherbet 등에 사용

Nutmeg(넛맥)

산지 : 인도네시아의 Molucca섬과 서인도제도의 Banda섬과 Papua에서 재배

특징 : 높이 9~12cm인 열대 상록수의 복숭아 비슷한 열매의 핵이나 씨를 사용하는데, 달콤하고 향이 독특하며 알맹이로 된 Nutmeg는 Grater에 갈아 사용한다.

용도 : Custard, Cream Pudding, Dessert, Aspic, Meat, Pie, Soup, Fried Brain, Chicken Soup, Chicken Fricassee, Breast of Veal, Mushroom Dish, Ragouts, Hamburger, Potatoes, Spaghetti 등에 사용

Oregano(오레가노)

산지 : 멕시코, 이탈리아, 미국

특징 : Mint 과의 한 종류로, 상쾌한 맛을 가지고 있다.

용도 : Tomato Sauce, Pasta, Cheese, Meat Dish 등에 사용

Pansy(팬지)

산지 : 유럽

특징 : 삼색제비꽃이라고도 하며 높이 15~30cm로 작은 편이며 1개의 꽃대 끝에 한 송이의 꽃이 핀다. 꽃은 흰색·노란색·자주색의 3가지 색과 여러 형태의 혼합색이 있다.

용도 : 식물용으로 Appetizer, Salad Garnish로 사용

Paprika(파프리카)

산지 : 스페인, 남부 프랑스, 이탈리아, 유고슬라비아, 헝가리

특징 : Sweet Pepper(Capsicum annum)로 선홍색의 열매이며, 열매는 채소, Pickle, Salad 등에 이용하고, 이 씨의 피막을 제거하여 말려 분쇄한 것이 Paprika이다. 스페인산 Paprika는 빨간색으로 단맛을 내고 순하며, 헝가리산 파프리카는 검붉은 색이며 매운맛을 낸다.

용도 : Fish, Shrimp, Oyster, Risotto, Goulash, Canape, Soup, Dressing, Tomato Dish, Roll Cabbage, Crab 등에 사용

Red Pepper(레드 페퍼)

산지 : 아메리카가 원산지이고 아프리카, 서인도제도, 한국, 일본 등 각국에서 재배

특징 : 열매는 빨간색과 오렌지색이고 다양한 모양과 크기를 가지고 있다. ①은 매운맛이 순하며 나머지 것들은 모두 맵고 ④는 크기가 제일 작다.

① Capsicom Annuum - Paprika
② Capsicum Frutescent - Cayenne
③ Capsicum Pendulum - Chili
④ Capsicum Pubescent

용도 : Tabasco Sauce, Curry Powder, Marinate, Chicken Salad, Sauté Liver, Barbecue, Bean, Sauce 등에 사용

Parsley(파슬리)

산지 : 지중해 연안국

특징 : 작은 정원초로 밝은 녹색 식물이며, 일 년에도 몇 번씩 수확할 수 있다. Curly Parsley가 최상품이며, 특이한 향을 가지고 있다.

용도 : Fish, Meat, Salad, Vegetable, 모든 Garnish 등에 사용

Pepper(후추)

산지 : Piper Nigrum 넝쿨에 열린 열매로 동남아의 Malabar 해협, 보르네오, 자바, 수마트라

특징 : Black Pepper는 덜 익은 Pepper Corn을 태양볕에서 껍질이 주름지고 검은색으로 변할 때까지 말린 것이고, White Pepper는 같은 종의 넝쿨에서 Pepper Corn을 익혀 수확한 후 발효시켜 겉껍질을 벗긴 것으로 Black Pepper보다 매운맛이 덜하다. 완전히 익었을 때는 붉은색으로 변하는데 이것으로 Pink Pepper Corn을 만든다. 위를 자극하는 성분이 들어있다.

용도 : 모든 요리에 사용

Poppy seed(양귀비 씨)

산지 : 극동아시아와 네덜란드, 우리나라도 예부터 재배

특징 : 20세기 3대 약품의 발견이라고 하는 '모르핀'을 함유하고 있는 양귀비는 아편의 원료이며, 박하와 비슷한 향을 가지고 있다.

용도 : Bread, Salad, Noodle, Pastry, Filling 등에 사용

Rosemary(로즈마리)

산지 : 지중해 연안

특징 : 솔잎을 닮았으며 은녹색 잎을 가진 키 큰 잡목으로 이 잎을 말려서 그대로 또는 가루로 만들어 사용한다.

용도 : Meat Dish, Poultry Dish, Stew, Soup, Sauce, Roast Meat 등에 사용

Saffron(샤프란)

산지 : 아시아가 원산지이고 스페인, 이탈리아에서 재배

특징 : 붓꽃과에 속하는 Saffron은 이 꽃의 암술만을 색에 따라 분류한 것이다. 100g을 만들기 위하여 암술 15,000개를 모아 말려야 하기 때문에 가격이 무척 비싸다.

용도 : Sauce, Soup, Rice, Potato Dish, Bread, Pastry, Bouillabaisse, Fish Dish 등에 사용

Sage(세이지)

산지 : 원산지는 유럽이며 미국과 영국에서도 재배

특징 : 정원초로 90cm 정도 자란다. 잎 부분은 조리용, 약용으로 사용하며, 풍미가 강하고 약간의 쓸쓸한 맛이 있다.

용도 : Cream Soup, Consomme, Stew, Hamburger, Poultry Seasoning, Stuffing, Pork, Ham, Sausage, Cheese, Omelette, Tomato Dish 등에 사용

Summer Savory(썸머 사보리)

산지 : 지중해 연안

특징 : 섬머 사보리는 높이 30∼50cm로, 줄기가 보라색이고 부드러운 털로 덮여 있다. 잎은 줄기에 듬성듬성 붙어 있는데, 짙은 녹색으로 가늘고 길면서 도톰하다. 꽃은 7∼8월에 엷은 보라색으로 매우 작게 피고, 씨앗은 약 1mm이다.

용도 : Salad, Soup, Vegetable, Pea 등에 사용

Winter Savory(윈터 사보리)

산지 : 지중해 연안

특징 : 윈터 사보리는 박하나무라고도 하는데, 높이 10∼40cm으로 관목처럼 자란다. 잎은 윤기 있는 어두운 녹색으로 긴 타원형이다. 꽃은 7∼9월에 흰색 또는 진분홍색으로 핀다.

Tarragon(타라곤)

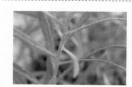

산지 : 유럽, 몽고, 러시아

특징 : 다년생 정원초, 잎이 길고 얇으며 올리브색이며 단추 모양의 꽃을 가지고 있다.

용도 : Soup, Sauce, Salad, Tarragon, Vinegar, Pickle, Marinades, Roast, Chicken, Egg Dish, Tomato Dish 등에 사용

Thyme(타임)

산지 : 지중해성 식물로 유고, 체코, 영국, 스페인, 미국에서 재배

특징 : 둥글게 말린 잎과 불그스름한 라일락색을 띤 입술 모양의 꽃이 핀다.

용도 : Meat Ball, Pizza Pie, 조개류 Soup, Roast Rabbit, Roast Game, Game Stew, Ragout, Stuffed Duckling, Venison Pie, Hasenpfeffer, Soup, Sauce, Roast, Brown Sauce, Vegetable Soup, Tomato Salad 등에 사용

Turmeric(터머릭)

산지 : 인도가 원산지이며, 동아시아, 아프리카, 호주에서 재배

특징 : 생강과에 속하는 식물로 강한 향과 뿌리의 노란색은 착색제로 사용하며 건위제이기도 하다.

용도 : Curry Powder, Mustard를 만들 때 사용하며, 단무지의 착색재로 사용

Vanille(바닐라)

산지 : 중앙아메리카가 원산지인 열대성 난초과의 덩굴식물로 세계 각 곳에서 자라며 마다가스카르가 주요 생산국이다.

특징 : 바닐라 빈을 끓는 물에 담갔다가 서서히 건조시켜 가공하여 밀폐된 상자나 주석관에 포장한다.

용도 : Ice Cream, Cream, Dessert, Cold Fruit Soup, Compote, Cookie, Cake, Tart, Rice Pudding, Candy 등에 사용

Shallot(샬롯)

산지 : 미국, 이탈리아, 프랑스, 네덜란드

특징 : 백합과에 속하는 은은한 향이 나는 다년생 풀 또는 그것의 비늘줄기로, 양파의 한 종류이다. 길이는 5cm 이하이고 지름은 약 2.5cm 정도로 맛이 순하여 녹색일 때 생으로 먹기도 한다.

용도 : 프랑스 요리의 소스를 만들 때 많이 사용

Calendula(칼렌두라)

산지 : 남유럽, 지중해

특징 : 높이 20~70cm 정도 자라는 일년초 또는 다년초다. 줄기는 갈라지며 모여난다. 잎의 길이는 5~15cm로 주걱 모양이며 털이 있고 부드럽다. 잎가는 거치가 있고 어긋난다. 꽃의 색은 주황색으로 향기가 독특하며 약간 악취가 있다.

용도 : 내복하면 위염, 위궤양, 십이지장궤양에도 효과가 있다. 담즙의 분비를 촉진하기 때문에 소화기관의 좋은 치료약이 된다.

Malaba Spinach(말라바 시피니치)

산지 : 열대 아시아

특징 : 잎줄기에 광택이 있고 털이 없다. 중국 채소의 한 종류로 황실에서 먹던 채소라는 뜻에서 황궁채(皇宮菜) 또는 바우새라고도 부른다

용도 : 과즙은 식용색소로도 사용되며, Appetizer의 Garnish로 사용

Lemon Balm(레몬밤)

산지 : 유럽 남부, 지중해 동부지방

특징 : 높이 60~150cm 정도 자라는 내한성의 다년초로 레몬 향이 강하다.

용도 : Salad, Soup, Sauce, Fish, Meat 등에 사용

Lemon Verbena(레몬 버베나)

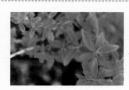

산지 : 아르헨티나, 칠레

특징 : 높이 60~150cm 정도 자라는 비내한성 낙엽목이다. 강한 레몬향을 지니고 있다.

용도 : Salad, Soup, Sauce, Omelet Fish, Meat 등에 사용, 원산지 남미에서는 핑거볼에 넣어 사용하기도 함

Lavender(라벤더)

산지 : 지중해 연안

특징 : 높이는 30~60cm이고 정원에서 잘 가꾸면 90cm까지 자란다. 전체에 흰색 털이 있으며 줄기는 둔한 네모꼴이고 뭉쳐나며 밑부분에서 가지가 많이 갈라진다. 잎은 돌려나거나 마주나고 바소 모양이며 길이가 4cm, 폭이 4~6mm이다. 잎자루는 없으며 잎에 잔털이 있다.

용도 : 요리의 향료로 사용할 뿐만 아니라 두통이나 신경과민을 치료하는 데도 사용

Sorrel(소렐)

산지 : 유럽과 아시아

특징 : 시금치를 닮은 잎에 독특한 신맛이 있어 유럽에서는 요리의 향미료로서 재배되는 식물이다.

용도 : Salad Dressing, Vegetable Soup, Omelet, Lamb, Beef, Sausage, Pork 등에 사용

※ 프랑스 요리의 소스

프랑스 요리에 쓰이는 소스(Sauce)는 실로 수백 가지에 달한다. 그러나 일반적으로 널리 쓰이고 있는 것은 몇 가지 안 된다. 소스(Sauce)는 크게 5가지 분류가 있으며, 이 다섯 가지를 'Mother Sauce', 'Grand Sauce' 또는, 'Leading Sauce'라고 일컫고 있다. 그리고 또 이 다섯 가지는 다시 다양한 여러 갈래로 세분된다.

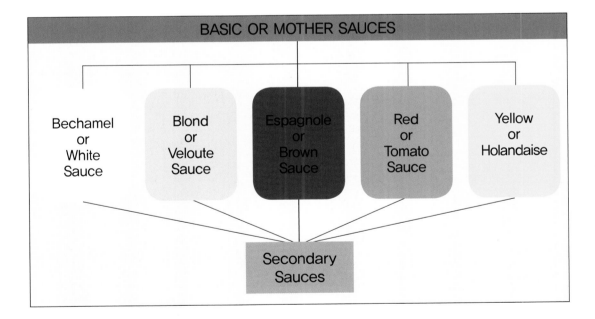

꼭! 확인하고 가기!

양식조리기능사
양식조리산업기사
실기시험 준비

1. 진행방법 및 유의사항

① 정해진 실기시험 일자와 장소, 시간을 정확히 확인한 후 시험 30분 전에 수검자 대기실에 도착하여 시험 준비요원의 지시를 받는다.

② 가운과 앞치마, 모자 또는 머릿수건을 단정히 착용한 후 준비요원의 호명에 따라(또는 선착순으로) 수험표와 주민등록증을 확인하고 등번호를 교부받아 실기 시험장으로 향한다.

③ 자신의 등번호가 위치해 있는 조리대로 가서 실기시험 문제를 확인한 후 준비해 간 도구 중 필요한 도구를 꺼내 정리한다.

④ 실기 시험장에서는 감독의 허락 없이 시작하지 않도록 하고 주의 사항을 경청하여 실기시험에 실수하지 않도록 한다.

⑤ 지급된 재료를 재료 목록표와 비교, 확인하여 부족하거나 상태가 좋지 않은 재료는 즉시 지급받는다(지급 재료는 1회에 한하여 지급되며 재지급되지 않는다).

⑥ 두 가지 과제의 요구사항을 꼼꼼히 읽은 후 시험에서 요구하는 대로 작품을 만들어 정해진 시간 안에 등번호와 함께 정해진 위치에 제출한다.

⑦ 작품을 제출할 때는 반드시 시험장에서 제시된 그릇에 담아낸다.

⑧ 정해진 시간 안에 작품을 제출하지 못했을 경우 시간초과로 채점 대상에서 제외된다.

⑨ 요구 작품이 2가지인데 1가지 작품만 만들었을 경우에는 미완성으로 채점 대상에서 제외된다.

⑩ 시험에 지급된 재료 이외의 재료를 사용하거나 음식의 간을 보면 감점 처리된다.

⑪ 불을 사용하여 만든 조리작품이 불에 익지 않은 경우에는 미완성으로 채점 대상에서 제외된
다.

⑫ 작품을 제출한 후 테이블, 세정대 및 가스레인지 등을 깨끗이 청소하고 사용한 기구들도 제
자리에 배치한다.

2. 수검자 지참 준비물(양식조리기능사 및 조리산업기사)

순번	도구명	규격	단위
1	위생복	백색(남녀 공용)	개
2	위생모	백색(남녀 공용)	개
3	앞치마	백색(남녀 공용)	개
4	대나무 젓가락	30cm	개
5	수저, 티스푼	스테인리스	개
6	칼	조리용 칼	개
7	가위	조리용	개
8	계량스푼	1T, 1t, 1/2t, 1/4t	개
9	계량컵	200mL	개
10	위생타월	면	개
11	소창 또는 면보	30×30cm	개
12	연어나이프	조리용 칼로 대체 가능	개
13	고무주걱	소	개
14	나무주걱	소	개
15	짤주머니	작은 것	개
16	거품기	중	개
17	장식용 튜브	–	세트
18	제과용 붓	소	개
19	조리용 실	가금류, 육류 고정용	개
20	롱스푼	일반	개
21	롱스푼	구멍난 것	개
22	후라이팬	중, 소	개
23	냄비	중, 소	개

▶ 위의 준비물들은 시험장에 준비되어 있는 것도 있으나 가져가면 매우 편리하게 사용할 수 있고,
다음 표에 나와 있는 준비물은 반드시 가져가야 할 품목들이므로 유의하여 준비한다.

▼ 양식 실기시험 준비물(한국산업인력공단 기준)

순번	목 록	수 량	순번	목 록	수 량
1	위생복(가운, 앞치마)	각 1벌	8	대나무젓가락	1벌
2	위생모(머릿수건)	1개	9	거품기	1개
3	조리용 칼	1개	10	짤주머니	1개
4	수저	2벌	11	나무주걱	1개
5	소독저	1개	12	고무주걱	1개
6	위생타월(행주)	2장	13	계량컵	1개
7	소창	2장	14	계량스푼	1개

3. 채점 기준표

항 목	세부항목	내 용
위생 상태	위생복 착용 및 개인위생	위생복 착용, 두발, 손톱 등 위생 상태
조리 과정	조리 순서 및 재료, 기구 등 취급 상태	조리 순서, 재료, 기구의 취급 상태와 숙련 정도
정리, 정돈 상태	정리, 정돈 및 청소	조리대, 기구 주위의 청소 상태
작품A	조리 기술과 방법, 작품 평가	조리 기술 숙련도 / 맛, 색, 모양, 그릇에 담기
작품B	조리 기술과 방법, 작품 평가	조리 기술 숙련도 / 맛, 색, 모양, 그릇에 담기

▶ 실기시험은 대체로 두 가지 작품이 주어지며, 공통 채점과 조리 기술 및 작품 평가 합계가 100점 만점으로 60점 이상이면 합격이다.

4. 조리기능장, 산업기사, 기능사 수검 절차 안내

(1) 응시자격

　1) 기능장 : 다음 각 호의 어느 하나에 해당하는 사람

　　① 응시하려는 종목이 속하는 동일 및 유사 직무분야의 산업기사 또는 기능사 자격을 취득
　　　한 후 「근로자직업능력 개발법」에 따라 설립된 기능대학의 기능장과정을 마친 이수자
　　　또는 그 이수예정자

② 산업기사 등급 이상의 자격을 취득한 후 응시하려는 종목이 속하는 동일 및 유사 직무분야에서 5년 이상 실무에 종사한 사람

③ 기능사 자격을 취득한 후 응시하려는 종목이 속하는 동일 및 유사 직무분야에서 7년 이상 실무에 종사한 사람

④ 응시하려는 종목이 속하는 동일 및 유사 직무분야에서 9년 이상 실무에 종사한 사람

⑤ 응시하려는 종목이 속하는 동일 및 유사 직무분야의 다른 종목의 기능장 등급의 자격을 취득한 사람

⑥ 외국에서 동일한 종목에 해당하는 자격을 취득한 사람

2) 산업기사: 다음 각 호의 어느 하나에 해당하는 사람

① 기능사 등급 이상의 자격을 취득한 후 응시하려는 종목이 속하는 동일 및 유사 직무분야에 1년 이상 실무에 종사한 사람

② 응시하려는 종목이 속하는 동일 및 유사 직무분야의 다른 종목의 산업기사 등급 이상의 자격을 취득한 사람

③ 관련학과의 2년제 또는 3년제 전문대학졸업자 등 또는 그 졸업예정자

④ 관련학과의 대학졸업자 등 또는 그 졸업예정자

⑤ 동일 및 유사 직무분야의 산업기사 수준 기술훈련과정 이수자 또는 그 이수예정자

⑥ 응시하려는 종목이 속하는 동일 및 유사 직무분야에서 2년 이상 실무에 종사한 사람

⑦ 고용노동부령으로 정하는 기능경기대회 입상자

⑧ 외국에서 동일한 종목에 해당하는 자격을 취득한 사람

3) 기능사: 제한 없음

(2) 수검원서 접수 방법

- 인터넷 접수

  기능장, 산업기사: http://www.q-net.or.kr/

  조리기능사: http://t.q-net.or.kr/

- 접수기간

  기능장, 산업기사: 정시 접수

  조리기능사: 상시 접수

(3) 필기시험 및 실기시험 절차 안내

- 필기시험 응시자는 인터넷사이트를 통해 원서를 접수하고, 별도로 시험 일시와 장소를 지정받아서 시험을 치른다.
- 1차 필기시험 합격자는 차후 2년까지 실기시험에 필기 면제자로 실기시험을 볼 수 있다.

(4) 합격자 발표

- ARS : 1666-0510(조리기능사만 해당)
- 인터넷 : http//www.Q-net.or.kr에서 합격 여부를 확인하고 다음의 절차를 밟는다.

(5) 최종합격자 자격수첩 교부

실기시험 최종합격자는 합격 공고일로부터 60일 이내에 q-net 사이트와 한국산업인력공단 24개의 지사 방문을 통해 신청 후 교부받을 수 있다.
(한국산업인력공단 24개의 지사는 q-net에 접속하여 자격증 발급 안내 페이지에서 확인 가능)

1) 인터넷 발급방법
2) 방문 발급

(6) 자격수첩 수령에 필요한 준비물

수험표, 증명사진 1매, 소정의 수수료, 신분증(주민등록증, 운전면허증, 여권 등)

▶ 최종 합격자는 발표일로부터 60일 이내에 등록을 하지 않으면 합격이 취소된다.

양식조리
기능사
실　기

쉬림프 카나페
Shrimp Canape

재 료 Ingredients

새우 4마리(마리당 30~40kg), 식빵(샌드위치용, 제조일로부터 하루 경과한 것) 1조각, 달걀 1개,
파슬리(잎, 줄기 포함) 1줄기, 버터(무염) 30g, 토마토 케첩 10g, 소금(정제염) 5g, 흰 후춧가루 2g,
레몬[길이(장축)로 등분] 1/8개, 이쑤시개 1개, 당근(둥근 모양이 유지되게 등분) 15g, 셀러리 15g,
양파(중 150g 정도) 1/8개

※ 주어진 재료를 사용하여 다음과 같이 **쉬림프 카나페**를 만드시오.

　　가. 새우는 내장을 제거한 후 미르포아(Mirepoix)를 넣고 삶아서 껍질을 제거하시오.
　　나. 달걀은 완숙으로 삶아 사용하시오.
　　다. 식빵은 직경 4cm 정도의 원형으로 하고 4개 제출하시오.

만드는 방법

❶ 새우는 이쑤시개를 이용하여 내장을 제거하고, 파슬리는 찬물에 담가 놓았다가 일정한 크기로 준비한다.

❷ 달걀은 찬물에 소금을 넣고 삶되, 5분간 주걱을 이용하여 굴려주고 끓기 시작한 다음 총 12분간 삶는다.

❸ 식빵은 4cm 크기의 원형으로 4개를 준비하여 팬에 구운 후 버터를 바른다.

❹ 양파, 당근, 셀러리는 미르포아로 채를 썬다.

❺ 냄비에 물 1/2컵, 미르포아, 레몬, 파슬리 줄기를 넣고 끓이다가 새우를 넣고 삶는다.

❻ 삶은 달걀은 찬물에 식혀 0.5cm 두께로 썰고, 삶은 새우는 껍질을 제거하고 등 쪽으로 칼집을 주어 모양을 만든다.

❼ 식빵, 달걀(소금, 흰 후춧가루 밑간), 새우, 케첩, 파슬리 잎 순으로 올리고 4개를 제출한다.

수험자 유의사항

1. 새우가 부서지지 않도록 하고 달걀 삶기에 유의한다.
2. 식빵의 수분 흡수에 유의한다.

HOW TO COOK

소요시간
30분

채소로 속을 채운 훈제 연어 롤

Smoked Salmon Roll with Vegetables

재료 | Ingredients

훈제 연어(균일한 두께와 크기로 지급) 150g, 당근(길이 방향으로 자른 모양으로 지급) 40g,
셀러리 15g, 무 15g, 홍피망(중 75g 정도-길이로 잘라서) 1/8개,
청피망(중 75g 정도-길이로 잘라서) 1/8개, 양파(중 150g 정도) 1/8개, 겨자무(홀스레디쉬) 10g,
양상추 15g, 레몬[길이(장축)로 등분] 1/4개, 생크림(조리용) 50mL, 파슬리(잎, 줄기 포함) 1줄기,
소금(정제염) 5g, 흰 후춧가루 5g, 케이퍼 6개

※ 주어진 재료를 사용하여 다음과 같이 **채소로 속을 채운 훈제 연어 롤**을 만드시오.

가. 주어진 훈제 연어를 슬라이스하여 사용하시오.
나. 당근, 셀러리, 무, 홍피망, 청피망을 0.3cm 정도의 두께로 채 써시오.
다. 채소로 속을 채워 롤을 만드시오.
라. 롤을 만든 뒤 일정한 크기로 6등분하여 제출하시오.
마. 생크림, 겨자무(홀스레디쉬), 레몬즙을 이용하여 만든 홀스레디쉬크림, 케이퍼,
　　레몬웨지, 양파, 파슬리를 곁들이시오.

만드는 방법

❶ 양상추, 파슬리는 찬물에 담가놓고 홀스레디쉬는 물기를 제거한다.

❷ 당근, 셀러리, 무, 청피망, 홍피망은 0.3cm 두께로 채를 썬다.

❸ 양파는 다지고, 소금을 약간 넣어 매운맛을 제거한다.

❹ 연어는 지방을 제거한 후 슬라이스하여 키친타월이나 소창에 밭쳐 기름기를 제거한다.

❺ 생크림은 위스크로 휘핑한다.

❻ 휘핑한 생크림, 홀스레디쉬, 일부의 다진 양파, 레몬즙 1ts, 소금, 흰 후춧가루를 섞어 홀스레디쉬 크림
을 만든다.

❼ 슬라이스한 연어를 넓게 펴고, ❻의 홀스레디쉬 크림을 펴 바른 다음 ❷의 채소를 넣고 말아준 후 일
정한 크기로 6등분 한다.

❽ 물기를 제거한 양상추를 깔고 연어롤을 얹는다.

❾ 파슬리, 레몬, 케이퍼, 다진 양파, 홀스레디쉬 크림을 곁들여낸다.

수험자
유의사항

1. 훈제 연어 기름 제거에 유의한다.
2. 슬라이스한 훈제 연어 살이 갈라지지 않도록 한다.
3. 롤은 일정한 두께로 만든다.

지참 준비물 추가

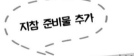

연어 나이프(필요 시 지참)

HOW TO COOK

❶

❷

❸

❹

소요시간
40분

샐러드 부케를 곁들인 참치 타르타르와 채소 비네그레트

Tuna Tartar with Salad Bouquet and Vegetables Vinaigrette

재 료 Ingredients

붉은색 참치살(냉동 지급) 80g, 양파(중 150g 정도) 1/8개, 그린올리브 2개, 케이퍼 5개,
올리브오일 25mL, 레몬[길이(장축)로 등분] 1/4개, 핫소스 5mL, 처빌(fresh) 2줄기, 꽃소금 5g,
흰 후춧가루 3g, 차이브(fresh, 실파로 대체 가능) 5줄기, 롤라로사(잎상추로 대체 가능) 2잎,
그린 치커리(fresh) 2줄기, 붉은색 파프리카(5~6cm 정도 길이) 1/4개, 노란색 파프리카(150g 정도,
fresh) 1/8개, 오이(가늘고 곧은 것, 20cm 정도) 1/10개(길이로 반을 갈라 10등분),
파슬리(잎, 줄기 포함) 1줄기, 딜(fresh) 3줄기, 식초 10mL

※ 주어진 재료를 사용하여 다음과 같이 **샐러드 부케를 곁들인 참치 타르타르와 채소 비네그레트**를 만드시오.

가. 참치는 꽃소금을 사용하여 해동하고, 3~4mm 정도의 작은 주사위 모양으로 썰어 양파, 그린올리브, 케이퍼, 처빌 등을 이용하여 타르타르를 만드시오.

나. 채소를 이용하여 샐러드 부케를 만드시오.

다. 참치 타르타르는 테이블스푼 2개를 사용하여 퀜넬 형태로 3개를 만드시오.

라. 비네그레트는 양파, 붉은색과 노란색의 파프리카, 오이를 가로, 세로 2mm 정도의 작은 주사위 모양으로 썰어서 사용하고 파슬리와 딜은 다져서 사용하시오.

만드는 방법

❶ 양상추, 치커리, 롤라로사는 찬물에 담가 놓는다.

❷ 냄비에 물을 끓여 차이브(실파)를 데친 후 찬물에 헹구고 물기를 제거한다.

❸ 참치는 꽃소금 물에 해동한 다음 물기를 제거하고, 0.3~0.4cm 크기의 작은 주사위 모양으로 썰어 기름기를 제거한다.

❹ 양파, 처빌, 노란 파프리카, 붉은 파프리카(약간), 오이 껍질은 0.2cm 정도의 작은 주사위 모양으로 썰어서 사용하고, 그린올리브, 케이퍼, 파슬리, 딜은 곱게 다진다.

❺ ❸의 참치, 올리브오일 1ts, 레몬즙, 핫소스 1ts, 다진 케이퍼, 그린올리브, 처빌을 물기를 제거한 양파와 함께 버무린다.

❻ 비네그레트는 올리브오일 1Ts, 소금, 흰 후춧가루, 식초 약간과 물기를 제거한 다진 양파, 오이, 파슬리, 딜, 노란 파프리카, 붉은 파프리카를 넣고 분리되지 않게 소스를 만든다.

❼ 채소(양상추, 치커리, 롤라로사)는 물기를 제거하고, 데친 차이브(실파)로 부케를 만든 후 속을 파낸 오이에 꽂는다.

❽ 참치 타르타르를 테이블스푼 2개를 이용하여 퀜넬 모양으로 3개를 만들어 담은 후 비네그레트 소스를 뿌려 마무리한다.

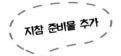

지참 준비물 추가

테이블스푼 2개[퀜넬용. 머리부분 가로 6cm, 세로(폭) 3.5~4cm 정도]

HOW TO COOK

❶

❷

❸

❹

소요시간
30분

미네스트로니 수프
Minestrone Soup

재 료 Ingredients

양파(중 150g 정도) 1/4개, 셀러리 30g, 당근(둥근 모양이 유지되게 등분) 40g, 무 10g,

양배추 40g, 버터(무염) 5g, 스트링 빈스(냉동, 채두 대체 가능) 2줄기, 완두콩 5알,

토마토(중 150g 정도) 1/8개, 스파게티 2가닥, 토마토 페이스트 15g, 파슬리(잎, 줄기 포함) 1줄기,

베이컨(길이 25~30cm) 1/2조각, 마늘(중간 깐 것) 1쪽, 소금(정제염) 2g, 검은 후춧가루 2g,

치킨 스톡(물로 대체 가능) 200mL, 월계수 잎 1잎, 정향 1개

※ 주어진 재료를 사용하여 다음과 같이 **미네스트로니 수프**를 만드시오.

가. 채소는 사방 1.2cm, 두께 0.2cm 정도로 써시오.
나. 스트링빈스, 스파게티는 1.2cm 정도의 길이로 써시오.
다. 국물과 고형물의 비율을 3:1 로 하시오.
라. 전체 수프의 양은 200mL 정도로 하고 파슬리 가루를 뿌려내시오.

 만드는 방법

❶ 냄비에 물을 끓인 후 소금을 넣고 스파게티 면을 삶아 1. 2cm 길이로 썬다.

❷ 토마토는 열십자로 칼집을 주고 끓는 물에 데쳐 껍질과 씨를 제거한 후 1. 2cm 정도로 썬다(콩카세).

❸ 양파, 셀러리, 당근, 무, 양배추, 스트링 빈스는 두께 0.2cm, 길이 1. 2cm 정도로 썬다.

❹ 마늘과 파슬리는 다지고 베이컨은 사방 1. 5cm 크기로 썬다.

❺ 팬에 버터를 두르고 마늘, 베이컨을 볶다가 양파, 셀러리, 당근, 무, 양배추를 볶는다.

❻ ❺에 토마토 페이스트 1Ts을 넣고 볶다가 치킨 스톡(물) 200mL, 부케가르니(월계수 잎, 정향)를 함께 넣어 끓여준다.

❼ 거품을 제거하고 토마토, 스트링 빈스, 스파게티 면, 완두콩을 넣어 끓인 후 부케가르니는 건지고, 소금, 흰 후춧가루로 간을 한다.

❽ 국물과 고형물의 비율이 3:1이 되게 담고, 파슬리가루를 뿌려낸다.

**수험자
유의사항**

1. 수프의 색과 농도를 잘 맞추어야 한다.

 HOW TO COOK

 ❶

 ❷

 ❸

 ❹

소요시간
30분

포테이토 크림 수프
Potato Cream Soup

재 료 Ingredients

감자(200g 정도) 1개, 대파(흰 부분 10cm) 1토막, 양파(중 150g 정도) 1/4개, 버터(무염) 15g,
치킨 스톡(물로 대체 가능) 270mL, 생크림(조리용) 20g, 식빵(샌드위치용) 1조각, 소금(정제염) 2g,
흰 후춧가루 1g, 월계수 잎 1잎

※ 주어진 재료를 사용하여 다음과 같이 **포테이토 크림 수프**를 만드시오.

　가. 크루톤(crouton)의 크기는 사방 0.8cm∼1cm 정도로 만들어 버터에 볶아 수프에 띄우시오.
　나. 익힌 감자는 체에 내려 사용하시오.
　다. 수프의 색과 농도에 유의하고 200mL 정도 제출하시오.

만드는 방법

❶ 식빵은 사방 0.8cm~1cm 정도로 썰어 버터에 볶는다.

❷ 대파와 양파, 감자는 곱게 채를 썰고 감자는 전분기를 제거하기 위해 찬물에 담가놓는다.

❸ 냄비에 버터를 약간 두르고 대파, 양파를 볶다가 감자를 넣고 볶는다.

❹ ❸에 치킨 스톡(또는 물) 200mL와 월계수 잎을 넣고 뭉근하게 끓이다가 감자가 무르게 익으면 체에 내린다.

❺ ❹를 다시 냄비에 넣고 생크림 1Ts을 넣어 색과 농도를 맞춘 다음 소금, 흰 후춧가루로 간을 한다.

❻ 완성된 수프의 양이 200mL 정도가 되게 담고, 크루통을 내기 직전에 띄워낸다.

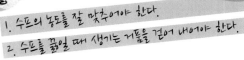

수험자
유의사항

1. 수프의 농도를 잘 맞추어야 한다.
2. 수프를 끓일 때 생기는 거품을 걷어 내어야 한다.

HOW TO COOK

❶

❷

❸

❹

소요시간
30분

피시 차우더 수프
Fish Chowder Soup

재 료 Ingredients

대구살(해동 지급) 50g, 감자(150g 정도) 1/5개, 베이컨(길이 25~30cm) 1/2조각,
양파(중 150g 정도) 1/6개, 셀러리 30g, 버터(무염) 20g, 밀가루(중력분) 15g, 우유 200mL,
소금(정제염) 2g, 흰 후춧가루 2g, 정향 1개, 월계수 잎 1잎

※ 주어진 재료를 사용하여 다음과 같이 **피시 차우더 수프**를 만드시오.

가. 차우더 수프는 화이트 루(roux)를 이용하여 농도를 맞추시오.
나. 채소는 0.7cm × 0.7cm × 0.1cm, 생선은 1cm × 1cm × 1cm 정도 크기로 써시오.
다. 대구살을 이용하여 생선스톡을 만들어 사용하시오.
라. 수프는 200mL 정도로 제출하시오.

만드는 방법

❶ 감자, 양파, 셀러리, 베이컨은 사방 0.7cm, 두께 0.1cm 크기로 썰고 감자는 찬물에 담가놓는다.

❷ 생선은 1cm 폭과 길이로 썬다.

❸ 냄비에 물 2컵, 생선살, 정향, 월계수 잎을 넣어 끓인 다음 소창에 걸러 피시 스톡을 준비한다.

❹ 팬에 베이컨을 볶다가 양파, 감자, 셀러리를 넣고 함께 볶는다.

❺ 냄비에 버터 1Ts을 녹이고 밀가루 1과 1/2Ts을 넣어 화이트 루를 만든 다음 여기에 피시 스톡 1컵을 넣고 화이트 루를 풀어가며 저어준다.

❻ ❺에 볶은 채소를 넣고 우유 100~200mL를 넣어 농도를 맞추고 생선살을 넣은 다음 소금과 흰 후춧 가루로 간을 한다.

❼ 완성된 수프는 200mL 정도로 담는다.

수험자
유의사항

1. 피시 스톡을 만들어 사용하고 수프는 흰색이 나와야 한다.
2. 베이컨은 기름을 빼고 사용한다.

HOW TO COOK

 ❶    ❷    ❸    ❹

소요시간
30분

비프 콘소메
Beef Consomme

재 료 Ingredients

쇠고기(살코기 간 것) 70g, 양파(중 150g 정도) 1개, 당근(둥근 모양이 유지되게 등분) 40g,

셀러리 30g, 달걀 1개, 소금(정제염) 2g, 검은 후춧가루 2g, 검은 통후추 1개,

파슬리(잎, 줄기 포함) 1줄기, 월계수 잎 1잎, 토마토(중 150g 정도) 1/4개,

비프 스톡(육수, 물로 대체 가능) 500mL, 정향 1g

※ 주어진 재료를 사용하여 다음과 같이 **비프 콘소메**를 만드시오.

　가. 어니언 브루리(onion brulee)를 만들어 사용하시오.
　나. 양파를 포함한 채소는 채 썰어 향신료, 소고기, 달걀흰자 머랭과 함께 섞어 사용하시오.
　다. 수프는 맑고 갈색이 되도록 하여 200mL정도 제출하시오.

만드는 방법

❶ 양파, 당근, 셀러리는 채를 썰고, 토마토는 끓는 물에 데쳐 껍질을 제거한 다음 채를 썬다.

❷ 쇠고기는 핏물을 제거하고, 달걀은 흰자를 분리해 위스크로 거품을 낸다(머랭).

❸ ❷에 쇠고기와 야채를 섞어준다(양파는 제외).

❹ 냄비에 양파를 갈색이 나도록 볶다가 비프 스톡(육수 또는 물) 2½컵을 넣고 ❸과 월계수 잎, 정향, 검은 통후추, 파슬리를 넣고 은근하게 끓이다가 끓어오르면 불을 줄이고 가운데 구멍을 낸 후 거품을 제거한다(시머링).

❺ ❹를 소창에 거르고 소금, 검은 후춧가루로 간을 한 다음 완성된 수프의 양이 200mL 정도 되게 담는다.

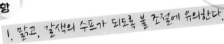
수험자
유의사항
1. 맑고, 갈색의 수프가 되도록 불 조절에 유의한다.

HOW TO COOK

❶

❷

❸

❹

소요시간
40분

프렌치 어니언 수프
French Onion Soup

재 료 Ingredients

양파(대 200g 정도) 1개, 바게트빵 1조각, 버터(무염) 20g, 소금(정제염) 2g, 검은 후춧가루 1g,
파마산 치즈 10g, 백포도주 15mL, 마늘(중, 깐 것) 1쪽, 파슬리(잎, 줄기 포함) 1줄기,
맑은 스톡(비프 스톡 또는 콘소메, 물로 대체 가능) 270mL

※ 주어진 재료를 사용하여 다음과 같이 **프렌치 어니언 수프**를 만드시오.

　가. 양파는 5cm크기의 길이로 일정하게 써시오.
　나. 바게트빵에 마늘버터를 발라 구워서 따로 담아내시오.
　다. 수프의 양은 200mL 정도 제출하시오.

만드는 방법

❶ 마늘과 파슬리를 곱게 다진 후 버터와 버무려 바게트빵에 바르고 팬에 굽는다(갈변 방지).

❷ ❶에 파마산 치즈를 올려 굽는다.

❸ 양파는 5cm 크기의 길이로 일정하게 채를 썬다.

❹ 냄비에 양파를 갈색 나게 볶다가 백포도주를 1Ts 넣고, 맑은 스톡(비프 스톡 또는 콘소메, 물) 1과 1/2 컵을 넣고 은근하게 끓이며 거품을 제거하고, 마지막에 소금과 검은 후춧가루로 간을 한다.

❺ 완성된 수프의 양은 200mL 정도가 되게 담고, 내기 직전에 구운 바게트빵을 올린다.

수험자
유의사항

1. 수프의 색깔이 갈색이 나도록 하여야 한다.

HOW TO COOK

 ❶　 ❷　 ❸　 ❹

소요시간
30분

월도프 샐러드
Waldorf Salad

재 료 Ingredients

사과(200~250g 정도) 1개, 셀러리 30g, 호두(중, 겉껍질 제거한 것) 2개,

레몬[길이(장축)로 등분] 1/4개, 소금(정제염) 2g, 흰 후춧가루 1g, 마요네즈 60g,

양상추(2잎 정도, 잎상추로 대체 가능) 20g, 이쑤시개 1개

※ 주어진 재료를 사용하여 다음과 같이 **월도프 샐러드**를 만드시오.

요구사항
Requirement

가. 사과, 셀러리, 호두알을 1cm 정도의 크기로 써시오.
나. 사과의 껍질을 벗겨 변색되지 않게 하고, 호두알의 속껍질을 벗겨 사용하시오.
다. 상추위에 월도프샐러드를 담아내시오.

만드는 방법

❶ 양상추는 찬물에 담그고, 사과는 사방 1cm 크기로 썬 다음 레몬즙을 넣은 찬물에 담근다.

❷ 호두는 미지근한 물에 불려 이쑤시개로 껍질을 제거하고, 1/2은 1cm 크기로 썰고, 나머지는 다진다.

❸ 셀러리는 1cm 크기로 썬다.

❹ 물기를 제거한 사과, 셀러리, 호두(1cm 크기로 썬 것)는 마요네즈 2Ts~3Ts, 소금, 흰 후춧가루, 레몬즙을 넣어 버무린다.

❺ 완성 접시에 양상추를 깔아 ❹를 담고 다진 호두를 고명으로 얹는다.

수험자 유의사항

1. 사과의 변색에 유의한다.

HOW TO COOK

 ❶

 ❷

 ❸

 ❹

소요시간
20분

포테이토 샐러드
Potato Salad

재 료 | Ingredients

감자(150g 정도) 1개, 양파(중, 150g 정도) 1/6개, 파슬리(잎, 줄기 포함) 1줄기, 소금(정제염) 5g, 흰 후춧가루 1g, 마요네즈 50g

※ 주어진 재료를 사용하여 다음과 같이 **포테이토 샐러드**를 만드시오.

가. 감자는 껍질을 벗긴 후 1cm 정도의 정육면체로 썰어서 삶으시오.
나. 양파는 곱게 다져 매운 맛을 제거하시오.
다. 파슬리는 다져서 사용하시오.

만드는 방법

❶ 감자는 껍질을 벗기고 사방 1cm 정도의 정육면체로 썬 다음 찬물에 담가둔다(갈변 방지).

❷ 양파는 다져서 소금물에 담가 물기를 짜고, 파슬리는 다져서 소창으로 흐르는 물에 헹구어 짜서 준비한다.

❸ 냄비에 물을 끓이고, 소금을 넣어 감자를 5분 이하로 데친다.

❹ 감자와 다진 양파, 다진 파슬리 1/2 정도는 마요네즈 1Ts~2Ts, 소금, 흰 후춧가루를 넣어 버무리고, 남은 파슬리는 샐러드 위에 뿌려낸다.

수험자 유의사항

1. 감자는 부서지지 않고 잘 익도록 조리하고 양파의 매운맛 제거에 유의한다.

2. 양파와 파슬리는 뭉치지 않도록 버무린다.

HOW TO COOK

❶

❷

❸

❹

소요시간
30분

해산물 샐러드
Seafood Salad

재료 Ingredients

새우(마리당 30~40g) 3마리, 관자살(개당 50~60g 정도) 1개, 피홍합(길이 7cm 이상) 3개,
중합(지름 3cm 정도) 3개, 양파(중, 150g 정도) 1/4개, 마늘(중, 깐 것) 1쪽, 실파 1줄기(20g),
치커리(그린치커리) 2줄기, 양상추 10g, 롤라로사(잎상추로 대체 가능) 2잎, 올리브오일 20mL,
레몬[길이(장축)로 등분] 1/4개, 식초 10mL, 딜(fresh) 2줄기, 월계수 잎 1잎, 셀러리 1잎,
흰 통후추(검은 통후추 대체 가능) 3개, 소금(정제염) 5g, 흰 후춧가루 5g,
당근(둥근 모양이 유지되게 등분) 15g

 요구사항
Requirement

※ 주어진 재료를 사용하여 다음과 같이 **해산물 샐러드**를 만드시오.

　가. 미르포아(mirepoix), 향신료, 레몬을 이용하여 쿠르부용(court bouillon)을 만드시오.

　나. 해산물은 손질하여 쿠르부용(court bouillon)에 데쳐 사용하시오

　다. 샐러드 채소는 깨끗이 손질하여 싱싱하게 하시오.

　라. 레몬 비네그레트는 양파, 레몬즙, 올리브오일 등을 사용하여 만드시오.

만드는 방법

❶ 양상추, 치커리, 비타민, 롤라로사, 실파, 딜(잎)은 찬물에 담가 놓고, 해산물은 소금물에 해감시킨다.

❷ 양파는 일부만 다지고 나머지는 채 썰고, 당근, 셀러리도 채를 썬다.

❸ 새우는 내장과 머리를 제거하고, 관자는 막을 제거한 다음 0.3cm 두께로 편을 썬다.

❹ 냄비에 물 2컵과 채 썬 양파, 당근, 셀러리, 마늘, 레몬 약간, 월계수 잎, 통후추, 딜 줄기, 식초를 넣고 끓여 쿠르부용을 만든다.

❺ ❹의 쿠르부용에 관자, 중합, 피홍합, 새우를 익혀낸다. 관자는 살짝만 데치고, 새우는 데친 후 찬물에 헹구어 껍질을 제거하며, 홍합과 중합은 식힌 후 살을 발라 낸다.

❻ 올리브오일 1Ts , 물기 제거한 다진 양파, 레몬즙 1/2Ts, 소금, 흰 후춧가루를 분리되지 않게 잘 섞어 레몬 비네그레트를 만든다.

❼ ❶의 샐러드 채소는 물기를 제거하고 먹기 좋은 크기로 찢는다.

❽ 샐러드 채소와 해산물을 레몬 비네그레트에 버무려 담는다.

 HOW TO COOK

 ❶

 ❷

 ❸

 ❹

소요시간
30분

시저 샐러드
Caesar Salad

재 료 Ingredients

달걀(상온에 보관한 것) 60g 정도 2개, 디존 머스터드 10g, 레몬 1개, 로메인 상추 50g, 마늘 1쪽,
베이컨 15g, 앤초비 3개, 올리브오일(extra virgin) 20mL, 카놀라오일 300mL, 식빵(슬라이스) 1개,
검은 후춧가루 5g, 파미지아노 레기아노(덩어리) 20g, 화이트와인식초 20mL, 소금 10g

※ 주어진 재료를 사용하여 다음과 같이 **시저샐러드**을 만드시오.

가. 마요네즈(100g), 시저드레싱(100g), 시저샐러드(전량)를 만들어 3가지를 각각 별도의
그릇에 담아 제출하시오.
나. 마요네즈는 달걀노른자, 카놀라오일, 레몬즙, 디존 머스터드, 화이트와인식초를 사용
하여 만드시오.
다. 시저드레싱은 마요네즈, 마늘, 앤초비, 검은 후춧가루, 파미지아노 레기아노, 올리브오일,
디존 머스터드, 레몬즙을 사용하여 만드시오.
라. 파미지아노 레기아노는 강판이나 채칼을 사용하시오.
마. 시저샐러드는 로메인 상추, 곁들임(크루통(1cm × 1cm), 구운 베이컨(폭 0.5cm), 파미
지아노 레기아노, 시저드레싱을 사용하여 만드시오.

만드는 방법

❶ 달걀의 흰자와 노른자를 잘 분리한다.

❷ 믹싱볼에 노른자를 넣고 카놀라오일을 소량씩 넣어 주면서 거품기로 분리되지 않도록 잘 저어준다.

❸ ❷가 완성되면 레몬즙, 디존 머스터드, 화이트와인식초를 넣어 농도를 맞추어 마요네즈를 완성한다.

❹ 제출한 100g의 마요네즈를 소스볼에 담고 나머지 마요네즈에 다진 마늘, 다진 앤초비, 검은 후춧가
루, 파미지아노 레기아노, 올리브오일을 넣고 저어준 후 레몬즙으로 농도를 맞춘다.

❺ 크루통은 기름이 없는 팬에서 브라운 색상이 되도록 구워주고 베이컨은 바삭하게 구워준다.

❻ 제출한 100g의 시저샐러드로 소스볼에 담고 나머지 시저드레싱에 로메인 상추를 잘 버무리고 크루
통과 베이컨을 곁들인 후 접시에 담고 파미지아노 레기아노 치즈를 뿌려준다.

수험자
유의사항

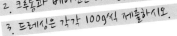

1. 마요네즈 만들때 노른자와 기름이 분리되지 않도록 유의하시오.

2. 크루통과 베이컨은 타지않고 크리스피하게 만드시오.

3. 드레싱은 각각 100g씩 제출하시오.

HOW TO COOK

❶

❷

❸

❹

소요시간
35분

사우전 아일랜드 드레싱

Thousand Island Dressing

재 료 Ingredients

마요네즈 70g, 오이 피클(개당 25~30g짜리), 양파(중, 150g 정도) 1/8개, 토마토 케첩 20g,
소금(정제염) 2g, 흰 후춧가루 1g, 레몬[길이(장축)로 등분] 1/4개, 달걀 1개,
청피망(중, 75g 정도) 1/4개, 식초 10mL

※ 주어진 재료를 사용하여 다음과 같이 **사우전 아일랜드 드레싱**을 만드시오.

요구사항
Requirement

가. 드레싱은 핑크빛이 되도록 하시오.
나. 다지는 재료는 0.2cm 정도의 크기로 하시오.
다. 드레싱은 농도를 잘 맞추어 100mL정도 제출하시오.

만드는 방법

❶ 냄비에 찬물을 넣고 달걀과 소금, 식초를 넣어 15분 정도 삶아낸다.

❷ 양파, 오이 피클, 청피망은 0.2cm 정도의 크기로 다지고, 양파는 소금에 절인 후 수분을 제거한다.

❸ 삶은 달걀은 찬물에 식힌 다음 달걀흰자는 0.2cm 크기로 다지고, 노른자는 체에 내린다.

❹ ❷와 ❸을 넣고 마요네즈 3Ts, 케첩 1Ts, 소금, 흰 후춧가루, 레몬즙 1ts으로 간을 한다.

❺ 소스 색깔이 핑크빛이 되도록 한다.

수험자
유의사항

1. 다진 재료의 물기를 제거한다.

HOW TO COOK

❶

❷

❸

❹

소요시간
20분

브라운 스톡
Brown Stock

재료 Ingredients

소뼈(2~3cm 정도, 자른 것) 150g, 양파(중, 150g 정도) 1/2개, 당근(둥근 모양이 유지되게 등분) 40g,
셀러리 30g, 검은 통후추 4개, 토마토(중, 150g 정도) 1개, 파슬리(잎, 줄기 포함) 1줄기,
월계수 잎 1잎, 정향 1개, 버터(무염) 5g, 식용유 50mL, 면실 30cm, 다임 1g(1줄기, dry),
다시백 1개(10cm x 12cm),

※ 주어진 재료를 사용하여 다음과 같이 **브라운 스톡**을 만드시오.

요구사항
Requirement

가. 스톡은 맑고 갈색이 되도록 하시오.
나. 소뼈는 찬물에 담가 핏물을 제거한 후 구워서 사용하시오.
다. 향신료는 사세 데피스(sachet de'pice)를 만들어 사용하시오.
라. 완성된 스톡의 양이 200mL 정도 되도록 하여 볼에 담아내시오.

만드는 방법

❶ 소뼈는 찬물에 담가 핏물을 제거한다.
❷ 토마토는 열십자로 칼집을 넣어 끓는 물에 데쳐 껍질을 제거하고, 소뼈도 데친다.
❸ 양파, 당근, 셀러리, 토마토는 채를 썬다.
❹ 팬에 소뼈를 갈색 나게 지진다.
❺ 냄비에 양파, 당근, 셀러리 순으로 갈색 나게 볶다가 토마토, 구운 소뼈, 월계수 잎, 통후추, 정향, 파슬리 줄기, 물 3컵을 넣고 은근하게 끓이면서 거품을 제거한다.
❻ 완성된 스톡의 양이 200mL 정도 되도록 하여 볼에 담는다.

수험자
유의사항

1. 불 조절에 유의한다.
2. 스톡이 끓을 때 생기는 거품은 걷어내야 한다.

HOW TO COOK

소요시간
30분

치즈 오믈렛
Cheese Omelet

재 료 Ingredients

달걀 3개, 치즈(가로, 세로 8cm 정도) 1장, 버터(무염) 30g, 식용유 20mL, 생크림(조리용) 20mL,
소금(정제염) 2g

※ 주어진 재료를 사용하여 다음과 같이 **치즈 오믈렛**을 만드시오.

가. 치즈는 사방 0.5cm 정도로 자르시오.
나. 치즈가 들어가 있는 것을 알 수 있도록 하고, 익지 않은 달걀이 흐르지 않도록 만드시오.
다. 나무젓가락과 팬을 이용하여 타원형으로 만드시오.

요구사항
Requirement

만드는 방법

❶ 치즈는 사방 0.5cm 크기로 썰어 서로 달라붙지 않도록 한다.

❷ 볼에 달걀을 깨뜨려 넣고 위스크로 잘 저은 후 생크림을 넣고 또다시 저은 후 체에 거른다.

❸ 오믈렛 팬에 식용유를 넣고 잘 달구어지면 ❷를 넣고 젓가락으로 저어 스크램블 상태로 만든다.

❹ 스크램블 중앙에 치즈를 넣고 팬을 가볍게 두드려가며 타원형 모양의 오믈렛을 만든다.

수험자 유의사항

1. 익힌 오믈렛이 갈라지거나 굳어지지 않도록 유의한다.

2. 오믈렛에서 익지 않은 달걀이 흐르지 않도록 유의한다.

HOW TO COOK

 ❶

 ❷

 ❸

 ❹

소요시간
20분

스페니쉬 오믈렛
Spanish Omelet

재 료 Ingredients

토마토(중, 150g 정도) 1/4개, 양파(중, 150g 정도) 1/6개, 청피망(중, 75g 정도) 1/6개,
양송이버섯(1개) 10g, 베이컨(길이 25~30cm) 1/2조각, 토마토 케첩 20g, 검은 후춧가루 2g,
소금(정제염) 5g, 달걀 3개, 식용유 20mL, 버터(무염) 20g, 생크림(조리용) 20mL

※ 주어진 재료를 사용하여 다음과 같이 **스페니쉬 오믈렛**을 만드시오.

가. 토마토, 양파, 청피망, 양송이버섯, 베이컨은 0.5cm 정도의 크기로 썰어 오믈렛 소를 만드시오.
나. 소가 흘러나오지 않도록 하시오.
다. 소를 넣어 나무젓가락과 팬을 이용하여 타원형으로 만드시오.

만드는 방법

❶ 양파, 양송이버섯, 청피망, 토마토, 베이컨은 0.5cm 정도의 크기로 입자 있게 다진다.
❷ 볼에 달걀을 깨뜨려 넣고 위스크로 잘 저은 후 체에 거른다.
❸ 팬에 버터를 두르고 베이컨을 볶다가 양파, 피망, 양송이버섯을 볶고 토마토 케첩 1Ts을 넣어 볶은 다음 소금, 검은 후춧가루로 간을 한다.
❹ 오믈렛 팬에 버터, 식용유를 넣고 잘 달구어지면 ❷를 넣고 젓가락으로 저어 스크램블 상태로 만든다.
❺ 스크램블 중앙에 ❸을 넣고 팬을 가볍게 두드려가며 타원형 모양의 오믈렛을 만든다.

수험자
유의사항

1. 내용물이 고루 들어가고 터지지 않도록 유의한다.
2. 오믈렛을 만들 때 타거나 단단해지지 않도록 한다.

HOW TO COOK

소요시간
30분

햄버거 샌드위치

Hamburger Sandwich

재 료 Ingredients

쇠고기(살코기, 덩어리) 100g, 양파(중, 150g 정도) 1개, 빵가루(마른 것) 30g, 셀러리 30g,
소금(정제염) 3g, 검은 후춧가루 1g, 양상추 20g, 토마토(중, 150g 정도, 둥근 모양이 되도록 잘라
서 지급) 1/2개, 버터(무염) 15g, 햄버거빵(중) 1개, 식용유 20mL, 달걀 1개

※ 주어진 재료를 사용하여 다음과 같이 **햄버거 샌드위치**를 만드시오.

가. 빵은 버터를 발라 구워서 사용하시오.
나. 구워진 고기의 두께는 1cm 정도로 하시오.
다. 토마토, 양파는 0.5cm 정도의 두께로 썰고 양상추는 빵크기에 맞추시오.
라. 샌드위치는 반으로 잘라 내시오.

만드는 방법

❶ 양상추는 찬물에 담가놓는다.

❷ 햄버거빵은 반으로 자르고 팬에 구운 후 버터를 바른다.

❸ 토마토는 0.5cm 링으로 썰어 씨를 제거하고 소금, 검은 후추를 뿌린다.

❹ 양파 0.5cm 링으로 썰어 소금에 살짝 절였다가 물기를 제거한다.

❺ 일부의 양파와 셀러리는 곱게 다지고 팬에 볶아낸다.

❻ 양상추는 물기 제거 후 빵 크기에 맞추어 놓는다.

❼ 쇠고기를 곱게 다지고, 볶은 양파와 셀러리, 소금, 검은 후춧가루, 달걀물 1Ts, 빵가루 1~2Ts을 넣어
많이 치댄 후 0.8cm 정도 두께로 둥글납작하게 모양을 빚는다.

❽ ❼의 패티를 팬에 식용유를 두르고 익혀낸다.

❾ 빵 - 양상추 - 쇠고기 패티 - 양파 - 토마토 - 빵 순으로 담고 반으로 썰어 제출한다.

HOW TO COOK

❶ ❷ ❸ ❹

소요시간
30분

베이컨, 레터스, 토마토 샌드위치
Bacon, Lettuce, Tomato Sandwich

재 료 Ingredients

식빵(샌드위치용) 3조각, 양상추(2잎 정도, 잎상추로 대체 가능) 20g,
토마토(중, 150g 정도, 둥근 모양이 되도록 잘라서 지급)1/2개, 베이컨(길이 25~30cm) 2조각,
마요네즈 30g, 소금(정제염) 3g, 검은 후춧가루 1g

※ 주어진 재료를 사용하여 다음과 같이 **베이컨, 레터스, 토마토 샌드위치**를 만드시오.

가. 빵은 구워서 사용하시오.
나. 토마토는 0.5cm 정도의 두께로 썰고, 베이컨은 구워서 사용하시오.
다. 완성품은 모양 있게 썰어 전량을 내시오.

만드는 방법

❶ 양상추는 찬물에 담가 놓는다.

❷ 팬에 식빵 3개를 은근하게 굽고 버터를 바른다.

❸ 토마토는 0.5cm 두께의 링 모양으로 썰어 소금, 검은 후춧가루로 간을 한다.

❹ 베이컨은 팬에 구워 기름기를 뺀다.

❺ 식빵(마요네즈) - 양상추 - 베이컨 - (마요네즈)식빵(마요네즈) - 양상추 - 토마토 - (마요네즈)식빵
  순으로 올려 담고 모서리를 정리한 후 X자로 자른다.

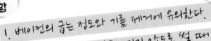

수험자
유의사항

1. 베이컨의 굽는 정도와 기름 제거에 유의한다.
2. 샌드위치의 모양이 흐트러지지 않도록 썰 때 유의한다.

HOW TO COOK

❶ ❷ ❸ ❹

소요시간
30분

브라운 그레이비 소스
Brown Gravy Sauce

재 료 Ingredients

밀가루(중력분) 20g, 브라운 스톡(물로 대체 가능) 300mL, 소금(정제염) 2g, 검은 후춧가루 1g,
버터(무염) 30g, 양파(중, 150g 정도) 1/6개, 셀러리 20g, 당근(둥근 모양이 유지되게 등분) 40g,
토마토 페이스트 30g, 월계수 잎 1잎, 정향 1개

※ 주어진 재료를 사용하여 다음과 같이 **브라운 그레이비 소스**를 만드시오.

가. 브라운 루(Brown Roux)를 만들어 사용하시오.
나. 완성된 작품의 양은 200mL 정도를 만드시오.

만드는 방법

① 셀러리는 섬유질을 제거하고 양파, 당근, 셀러리는 채를 썬다.

② 팬에 양파를 갈색 나게 볶다가 당근, 셀러리를 볶아 덜어놓는다.

③ 냄비에 버터 1Ts을 녹이고 밀가루 1과 1/2Ts을 넣어 중불에서 브라운 루를 만든다.

④ ③에 토마토 페이스트 1Ts을 넣고 볶다가 볶은 양파, 당근, 셀러리와 브라운 스톡(물)을 1½컵, 월계수 잎, 정향을 넣어 끓인다.

⑤ ④를 거품을 걷어가며 끓이다가 체에 거르고 소금, 검은 후춧가루로 간을 한다.

**수험자
유의사항**

1. 브라운 루(Brown Roux)가 타지 않도록 한다.

2. 소스의 농도에 유의한다.

HOW TO COOK

 ❶

 ❷

 ❸

 ❹

소요시간
30분

이탈리안 미트 소스
Italian Meat Sauce

재 료 Ingredients

양파(중, 150g 정도) 1/2개, 쇠고기(살코기 간 것) 60g, 마늘(중, 깐 것) 1쪽,
캔 토마토(고형물) 30g, 버터(무염) 10g, 토마토 페이스트 30g, 월계수 잎 1잎,
파슬리(잎, 줄기 포함) 1줄기, 소금(정제염) 2g, 검은 후춧가루 2g, 셀러리 30g

※ 주어진 재료를 사용하여 다음과 같이 **이탈리안 미트 소스**를 만드시오.

요구사항
Requirement

가. 모든 재료는 다져서 사용하시오.
나. 그릇에 담고 파슬리 다진 것을 뿌려내시오.
다. 소스는 150mL정도 제출하시오.

만드는 방법

❶ 마늘, 양파, 셀러리, 파슬리는 다지고, 다진 파슬리는 건조시킨다.

❷ 캔 토마토는 씨를 제거하고 다진다.

❸ 냄비에 버터를 두르고 마늘과 쇠고기를 볶다가 양파, 셀러리, 토마토 페이스트 1Ts, 캔 토마토를 넣어 볶고 물 1과 1/2컵, 월계수 잎을 넣어 끓이면서 거품을 제거한다.

❹ 한소끔 끓으면 월계수 잎을 건지고 소금, 검은 후춧가루로 간을 한 다음 파슬리를 뿌려낸다.

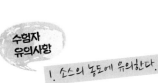

수험자 유의사항

1. 소스의 농도에 유의한다.

HOW TO COOK

❶

❷

❸

❹

소요시간
30분

타르타르 소스
Tartar Sauce

재 료 Ingredients

마요네즈 70g, 오이 피클(개당 25~30g짜리) 1/2개, 양파(중, 150g 정도) 1/10개,
파슬리(잎, 줄기 포함) 1줄기, 달걀 1개, 소금(정제염) 2g, 흰 후춧가루 2g,
레몬[길이(장축)로 등분] 1/4개, 식초 2mL

※ 주어진 재료를 사용하여 다음과 같이 **타르타르 소스**를 만드시오.

가. 다지는 재료는 0.2cm 정도의 크기로 하고 파슬리는 줄기를 제거하여 사용하시오.
나. 소스는 농도를 잘 맞추어 100mL정도 제출하시오.

만드는 방법

❶ 냄비에 물을 넣고 달걀과 소금, 식초를 넣어 물이 끓어오른 다음 12분간 삶는다.

❷ 양파, 오이 피클은 0.2cm 크기로 다져 수분을 제거하고, 양파는 소금에 절인다.

❸ 파슬리는 곱게 다져 물기를 제거한다.

❹ 삶은 달걀은 찬물에 식혀 달걀흰자는 0.2cm 크기로 다지고, 노른자는 체에 내린다.

❺ ❷~❹를 넣고 마요네즈 2~3Ts, 소금, 흰 후춧가루, 레몬즙 1ts을 넣어 섞어주되, 달걀노른자는 1/3~1/4만 사용한다.

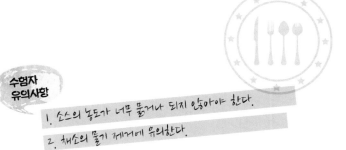

수험자
유의사항

1. 소스의 농도가 너무 묽거나 되지 않아야 한다.

2. 채소의 물기 제거에 유의한다.

HOW TO COOK

❶

❷

❸

❹

소요시간
20분

홀렌다이즈 소스
Hollandaise Sauce

재 료 Ingredients

달걀 2개, 양파(중, 150g 정도) 1/8개, 식초 20mL, 검은 통후추 3개, 버터(무염) 200g,
레몬[길이(장축)로 등분] 1/4개, 월계수 잎 1잎, 파슬리(잎, 줄기 포함) 1줄기, 소금(정제염) 2g,
흰 후춧가루 1g

 ※ 주어진 재료를 사용하여 다음과 같이 **홀렌다이즈 소스**를 만드시오.

요구사항
Requirement

가. 양파, 식초를 이용하여 허브에센스(herb essence)를 만들어 사용하시오.
나. 정제 버터를 만들어 사용하시오.
다. 소스는 중탕으로 만들어 굳지 않게 그릇에 담아내시오.
라. 소스는 100mL정도 제출하시오.

만드는 방법

❶ 양파는 채를 썬다.

❷ 냄비에 물 1/4컵, 식초 1/2Ts, 레몬 1Ts, 양파, 월계수 잎, 통후추, 파슬리 줄기를 넣고 향신초를 끓인다.

❸ 냄비에 물을 자작하게 붓고 버터(100g)를 중탕한다.

❹ 큰 볼에 달걀노른자를 넣고 향신초를 약간 넣고 저어준 다음 중탕한 버터를 1~2방울씩 넣어가며 젓다가 양을 늘려가며 저어준다.

❺ 농도가 되직하면 향신초를 약간 넣고 다시 반복적으로 작업을 한 다음 마지막에 소금, 흰 후춧가루로 간을 하여 굳지 않게 그릇에 담아낸다.

수험자
유의사항

1. 소스의 농도에 유의한다.

 HOW TO COOK

 ❶

 ❷

 ❸

 ❹

소요시간
25분

피시 뮈니엘
Fish Meuniere

재 료 Ingredients

가자미(250~300g 정도, 해동 지급) 1마리, 밀가루(중력분) 30g, 버터(무염) 50g,
소금(정제염) 2g, 흰 후춧가루 2g, 레몬[길이(장축)로 등분] 1/2개, 파슬리(잎, 줄기 포함) 1줄기

※ 주어진 재료를 사용하여 다음과 같이 **피시 뮈니엘**을 만드시오.

　가. 생선은 5장뜨기로 길이를 일정하게 하여 4쪽을 구워 내시오.
　나. 버터, 레몬, 파슬리를 이용하여 소스를 만들어 사용하시오.
　다. 레몬과 파슬리를 곁들여 내시오.

만드는 방법

❶ 파슬리는 찬물에 담근다.

❷ 레몬의 1/2은 웨지형으로 정리하고, 나머지는 레몬즙으로 준비한다.

❸ 가자미는 먼저 비늘을 제거하고 지느러미를 제거한 다음 머리 제거 - 내장 제거 - 5장 뜨기 - 껍질 제거 순으로 조리하여 소금, 흰 후춧가루로 밑간을 한다.

❹ 가자미 살의 물기를 제거한 다음 밀가루를 입힌다.

❺ 팬에 버터 2Ts을 두르고 가자미의 안쪽 살을 먼저 지지고 뒷면도 노릇노릇하게 지진 다음 완성 접시에 담고 남은 버터에 레몬즙을 넣고 졸여서 소스를 만든다.

❻ 가자미를 담은 접시에 소스를 뿌리고 파슬리와 레몬을 곁들여 낸다.

수험자
유의사항

1. 생선살은 흐트러지지 않게 5장 포뜨기를 한다.

2. 생선의 담는 방법에 유의한다.

HOW TO COOK

 ❶  ❷  ❸  ❹

소요시간
30분

솔 모르네
Sole Mornay

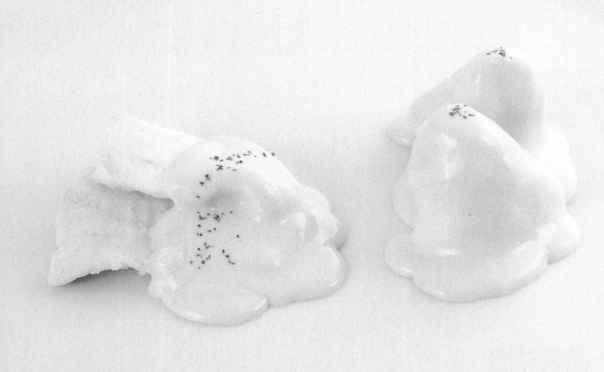

재 료 Ingredients

가자미(250~300g 정도, 해동 지급) 1마리, 치즈(가로, 세로 8cm 정도) 1장, 카이엔 페퍼 2g,
밀가루(중력분) 30g, 버터(무염) 50g, 우유 200mL, 양파(중, 150g 정도) 1/3개, 정향 1개,
레몬[길이(장축)로 등분] 1/4개, 월계수 잎 1잎, 파슬리(잎, 줄기 포함) 1줄기,
흰 통후추(검은 통후추로 대체 가능) 3개, 소금(정제염) 2g

※ 주어진 재료를 사용하여 다음과 같이 **솔 모르네**를 만드시오.

가. 피시스톡(fish stock)을 만들어 생선을 포우칭(poaching)하시오.
나. 베샤멜소스(bechamel sauce)를 만들어 치즈를 넣고 모르네소스(mornay sauce)를 만드시오.
다. 생선은 5장뜨기하고, 수량은 같은 크기로 4개 제출하시오.
라. 카이엔페퍼를 뿌려내시오.

만드는 방법

❶ 양파는 곱게 채 썰고, 치즈는 사방 0.5cm 크기로 썬다.

❷ 가자미는 먼저 비늘을 제거하고 지느러미를 제거한 다음 머리 제거 - 내장 제거 - 5장 뜨기 - 껍질 제거 순으로 조리하여 소금으로 간을 한다.

❸ 가자미 뼈는 토막을 내서 찬물에 담근다.

❹ 냄비는 버터를 약간 두르고 양파를 볶다가 가자미 뼈를 넣어 볶는다. 여기에 물 2컵, 부케가르니(월계수 잎, 정향, 통후추), 파슬리 줄기, 레몬을 넣고 피시 스톡을 끓인 다음 면보에 거른다.

❺ 냄비에 양파채를 깔고 가자미살을 올린 다음 피시 스톡 1/2컵을 넣고 익힌다(포칭).

❻ 포칭한 가자미살을 꺼내서 수분을 제거한다.

❼ 냄비에 버터 1Ts을 녹이고 밀가루 1과 1/2Ts을 넣고 볶아 화이트 루를 만들고 육수 1/2~1컵 넣고 농도를 풀어준다.

❽ 여기에 우유 1/2컵~1컵 넣어 끓이고(베샤멜 소스), 치즈, 소금을 약간 넣어 녹인다(모르네소스).

❾ 완성 접시에 가자미살을 담고 모르네소스를 끼얹은 다음 카이엔 페퍼를 뿌려낸다.

수험자
유의사항

1. 소스의 농도에 유의한다.
2. 생선살이 흐트러지지 않도록 주의하면서 5장 뜨기를 한다.
3. 생선뼈는 지급된 생선으로 사용한다.

HOW TO COOK

소요시간
40분

치킨 알라 킹
Chicken a'la King

재 료 | Ingredients

닭 다리(한 마리 1.2kg 정도, 허벅지살 포함) 1개, 청피망(중, 75g 정도) 1/4개,
홍피망(중, 75g 정도) 1/6개, 양파(중, 150g 정도) 1/6개, 양송이버섯(2개) 20g, 버터(무염) 20g,
밀가루(중력분) 15g, 우유 150mL, 정향 1개, 생크림(조리용) 20mL, 소금(정제염) 2g,
흰 후춧가루 2g, 월계수 잎 1잎

※ 주어진 재료를 사용하여 다음과 같이 **치킨 알라 킹**을 만드시오.

가. 완성된 닭고기와 채소, 버섯의 크기는 1.8×1.8cm 정도로 균일하게 하시오.
   (단, 지급된 재료의 크기에 따라 가감한다.)
나. 닭뼈를 이용하여 치킨 육수를 만들어 사용하시오.
다. 화이트 루(roux)를 이용하여 베샤멜소스를 만들어 사용하시오.

만드는 방법

❶ 양파, 청피망, 홍피망은 1.8×1.8cm 크기로 균일하게 썰고 양송이버섯은 4등분하거나 크기가 크면 6등분한다.

❷ 닭다리는 살을 발라 2×2cm 크기로 썬 후 소금, 흰 후춧가루로 밑간을 하고, 닭뼈는 찬물에 담가 핏물을 뺀다.

❸ 냄비에 물 2컵, 닭뼈, 닭살, 월계수 잎, 정향을 넣고 끓여 면보에 걸러 치킨 스톡을 준비한다.

❹ 팬에 양파, 양송이버섯, 청피망, 홍피망 순으로 볶아 식는다.

❺ 냄비에 버터 1Ts을 녹이고 밀가루 1과 1/2Ts을 넣고 볶아 화이트 루로 만든 다음 치킨 스톡 1/2~1컵을 넣어 루(Roux)를 풀어준다.

❻ 우유 1/2컵을 넣어 농도를 잡고, 볶은 채소, 익힌 닭살과 생크림 1Ts, 소금, 흰 후춧가루를 넣는다.

수험자
유의사항

1. 소스의 색깔과 농도에 유의한다.

HOW TO COOK

❶

❷

❸

❹

소요시간
30분

치킨 커틀렛
Chicken Cutlet

재 료 Ingredients

닭 다리(한 마리 1.2kg 정도, 허벅지살 포함) 1개, 달걀 1개, 밀가루(중력분) 30g,

빵가루(마른 것) 50g, 소금(정제염) 2g, 검은 후춧가루 2g, 식용유 500mL,

냅킨(흰색, 기름 제거용) 2장

※ 주어진 재료를 사용하여 다음과 같이 **치킨 커틀렛**을 만드시오.

　가. 닭은 껍질채 사용하시오.
　나. 완성된 커틀렛의 색에 유의하고 두께는 1cm 정도로 하시오.
　다. 딥팻후라이(deep fat frying)로 하시오.

만드는 방법

❶ 닭은 깨끗이 손질하여 껍질째 뼈를 발라내고 1cm 두께로 포를 뜨고 칼집을 내준 후 소금, 검은 후춧가루로 밑간을 한다.

❷ 닭고기에 밀가루를 고르게 묻힌 후 여분의 밀가루를 털어낸 다음 달걀물, 빵가루 순으로 튀김옷을 입힌다.

❸ 식용유의 온도가 160~180℃일 때 노릇노릇한 황금갈색이 되도록 튀겨낸다.

❹ 튀긴 닭은 기름을 뺀 후 접시에 담는다.

수험자
유의사항

1. 닭고기 모양에 유의한다.
2. 완성된 커틀렛의 색깔에 유의한다.

HOW TO COOK

 ❶
 ❷
 ❸
 ❹

소요시간
30분

바베큐 폭 찹
Barbecued Pork Chop

재 료 Ingredients

돼지 갈비(살 두께 5cm 이상, 뼈를 포함한 길이 10cm) 200g, 토마토 케첩 30g, 우스터소스 5mL,
황설탕 10g, 양파(중, 150g 정도) 1/4개, 소금(정제염) 2g, 검은 후춧가루 2g, 셀러리 30g,
핫소스 5mL, 버터(무염) 10g, 식초 10mL, 월계수 잎 1잎, 밀가루(중력분) 10g,
레몬[길이(장축)로 등분] 1/6개, 마늘(중, 간 것) 1쪽, 비프 스톡(육수, 물로 대체 가능) 200mL,
식용유 30mL

※ 주어진 재료를 사용하여 다음과 같이 **바베큐 폭 찹**을 만드시오.

가. 고기는 뼈가 붙은 채로 사용하고 고기의 두께는 1cm 정도로 하시오.
나. 양파, 셀러리, 마늘은 다져 소스로 만드시오.
다. 완성된 소스는 농도에 유의하고 윤기가 나도록 하시오.

만드는 방법

❶ 돼지 갈비는 기름기를 제거하고 뼈가 붙은 채로 고기의 두께를 1cm가 되도록 길게 펴서 칼집을 넣은 다음 소금, 검은 후춧가루로 밑간을 한다.

❷ 마늘은 곱게 다지고 양파, 셀러리는 입자 있게 다진다.

❸ 밑간을 한 돼지 갈비는 밀가루를 묻힌 후 팬에 식용유를 두르고 노릇노릇하게 지진다.

❹ 팬에 버터를 넣고 마늘, 양파, 셀러리를 볶다가 토마토 케첩 2Ts, 황설탕 1ts, 핫소스 1/2ts, 우스터소스 1/2ts, 식초 1/2ts, 레몬즙 1/2ts을 넣은 후 물(육수, 비프 스톡) 1컵~2컵과 월계수 잎을 넣어 끓인다. 끓어오르면 지진 돼지 갈비를 넣고 졸인 다음 농도가 되직해지면 월계수 잎을 건진 후 소금, 검은 후춧가루로 밑간을 한다.

❺ 완성 접시에 돼지 갈비를 담고 소스를 끼얹어 낸다.

수험자 유의사항

1. 주어진 재료로 소스를 만들고 농도에 유의한다.
2. 재료의 익히는 순서를 고려하여 끓인다.

HOW TO COOK

❶ ❷ ❸ ❹

소요시간 **40분**

살리스버리 스테이크
Salisbury Steak

재 료 Ingredients

쇠고기(살코기 간 것) 130g, 양파(중, 150g 정도) 1/6개, 달걀 1개, 우유 10mL,
빵가루(마른 것) 20g, 소금(정제염) 2g, 검은 후춧가루 2g, 식용유 150mL, 감자(150g 정도) 1/2개,
당근(둥근 모양이 유지되게 등분) 70g, 시금치 70g, 백설탕 25g, 버터(무염) 50g

※ 주어진 재료를 사용하여 다음과 같이 **살리스버리 스테이크**를 만드시오.

　가. 살리스버리 스테이크는 타원형으로 만들어 고기 앞, 뒤의 색을 갈색으로 구우시오.
　나. 더운 채소(당근. 감자. 시금치)를 각각 모양 있게 만들어 곁들여 내시오.

만드는 방법

❶ 감자는 껍질을 벗기고 찬물에 담근다.

❷ 감자는 1×4~5cm(4~5개), 시금치는 4~5cm 길이, 당근은 0.5cm 두께의 비치 모양(3개 이상)을 준비하고 양파, 쇠고기는 곱게 다진다.

❸ 일부의 다진 양파는 기름을 두르고 볶은 후 식히고, 감자, 시금치, 당근은 끓는 물에 데친다.

❹ 팬에 식용유를 두르고 감자를 튀겨 소금으로 간을 하고, 남은 양파와 시금치는 버터를 두르고 소금, 검은 후춧가루로 간을 한다. 당근은 물 3Ts과 설탕 2Ts, 버터를 약간 넣어 시럽을 만들어 졸인다.

❺ 다진 쇠고기와 볶은 양파, 달걀물, 우유, 빵가루, 소금, 검은 후춧가루로 양념을 한 후 치댄 다음 타원형으로 만든다.

❻ 팬을 예열한 다음 식용유를 두르고 ❺의 스테이크를 갈색으로 구워낸다.

❼ 완성 접시에 채소(감자, 시금치, 당근)와 스테이크를 보기 좋게 담아낸다.

수험자
유의사항

1. 고기가 타지 않도록 하며, 구워진 고기가 단단해지지 않도록 유의한다.
(곁들이는 소스는 생략한다.)

2. 주어진 조리재료를 활용하여 더운 채소의 조리법(색, 모양 등)에 유의한다.

HOW TO COOK

 ❶　 ❷　 ❸　 ❹　 ❺

소요시간
40분

비프 스튜
Beef Stew

재 료 Ingredients

쇠고기(살코기, 덩어리) 100g, 당근(둥근 모양이 유지되게 등분) 70g, 양파(중, 150g 정도) 1/4개,

셀러리 30g, 감자(150g 정도) 1/3개, 마늘(중, 깐 것) 1쪽, 토마토 페이스트 20g,

밀가루(중력분) 25g, 버터(무염) 30g, 소금(정제염) 2g, 검은 후춧가루 2g,

파슬리(잎, 줄기 포함) 1줄기, 월계수 잎 1잎, 정향 1개

※ 주어진 재료를 사용하여 다음과 같이 **비프 스튜**를 만드시오.

가. 완성된 쇠고기와 채소의 크기는 1.8cm 정도의 정육면체로 하시오.
나. 브라운 루(Brown Roux)를 만들어 사용하시오.
다. 파슬리 다진 것을 뿌려 내시오.

만드는 방법

❶ 파슬리는 다져서 건조시키고, 마늘은 다진다.

❷ 양파, 감자, 당근, 셀러리는 1.8cm 정육면체로 썬 다음 감자는 찬물에 담근다.

❸ 쇠고기는 2cm 크기의 정육면체로 썰어 소금, 검은 후춧가루로 밑간을 한다.

❹ 팬에 버터를 두르고 마늘을 볶다가 당근, 감자, 셀러리, 양파를 볶아 덜어놓는다.

❺ 쇠고기는 밀가루옷을 입힌 다음 팬에 버터를 두르고 볶는다.

❻ 냄비에 버터 1Ts을 녹이고 밀가루 1과 1/2Ts을 넣고 볶아서 브라운 루를 만든 다음 토마토 페이스트 1Ts 넣고 볶는다. 여기에 물 2컵과 부케가르니(월계수 잎, 정향), 파슬리 줄기와 볶은 채소, 쇠고기를 넣고 농도나게 끓이면서 거품을 제거하고 농도가 나면 소금, 검은 후춧가루로 간을 한다.

❼ 완성 접시에 담고 파슬리 다진 것을 뿌려낸다.

1. 소스의 농도와 분량에 유의한다.

2. 고기와 채소는 형태를 유지하면서 익히는 데 유의한다.

HOW TO COOK

소요시간
40분

서로인 스테이크
Sirloin Steak

재 료 Ingredients

쇠고기(등심, 덩어리) 200g, 감자(150g 정도) 1/2개, 당근(둥근 모양이 유지되게 등분) 70g,
시금치 70g, 소금(정제염) 2g, 검은 후춧가루 1g, 식용유 150mL, 버터(무염) 50g, 백설탕 25g,
양파(중, 150g 정도) 1/6개

※ 주어진 재료를 사용하여 다음과 같이 **서로인 스테이크**를 만드시오.

　가. 스테이크는 미디움(Medium)으로 구우시오.
　나. 더운 채소(당근, 감자, 시금치)를 각각 모양 있게 만들어 함께 내시오.

만드는 방법

❶ 감자는 찬물에 담근다.

❷ 감자는 1×4~5cm(4~5개), 시금치는 4~5cm 길이, 당근은 0.5cm 두께의 비치 모양(3개 이상)을 준비하고 양파는 다진다.

❸ 감자, 시금치, 당근은 끓는 물에 데친다.

❹ 쇠고기는 지방을 제거하고 연육한 다음 소금, 검은 후춧가루로 밑간을 한다.

❺ 팬에 식용유를 두르고 감자를 튀겨 소금으로 간을 한다.

❻ 팬에 버터를 두르고 양파를 볶다가 시금치를 넣어 볶고 소금, 검은 후춧가루로 간을 한다.

❼ 당근은 물 3Ts과 설탕 2Ts, 버터를 약간 넣어 시럽을 만들어 졸인다.

❽ 예열한 팬에 식용유를 두르고 쇠고기를 미디움으로 익힌다.

❾ 완성 접시에 쇠고기를 담고 더운 채소를 모양 있게 담아낸다.

수험자
유의사항

1. 스테이크의 색에 유의한다(결들이는 소스는 생략한다).

2. 주어진 조미 재료를 활용하여 더운 채소의 요리법(색, 모양 등)에 유의한다.

HOW TO COOK

 ❶  ❷  ❸  ❹

소요시간
30분

프렌치 프라이드 쉬림프
French Fried Shrimp

재 료 Ingredients

새우(마리당 50~60g) 4마리, 밀가루(중력분) 80g, 백설탕 2g, 달걀 1개, 소금(정제염) 2g,
흰 후춧가루 2g, 식용유 500mL, 레몬[길이(장축)로 등분] 1/6개, 파슬리(잎, 줄기 포함) 1줄기,
냅킨(흰색, 기름 제거용) 2장, 이쑤시개 1개

※ 주어진 재료를 사용하여 다음과 같이 **프렌치 프라이드 쉬림프**를 만드시오.

가. 새우는 꼬리쪽에서 1마디 정도 껍질을 남겨 구부러지지 않게 튀기시오.
나. 새우튀김은 4개를 제출하시오.
다. 레몬과 파슬리를 곁들이시오.

만드는 방법

❶ 파슬리는 찬물에 담그고, 레몬은 웨지형으로 썬다.

❷ 새우는 머리와 내장을 제거하고, 꼬리 쪽 한 마디만 남기고 껍질을 제거한 후 배 쪽에 칼집 3개를 넣은 다음 수분을 제거하여 소금, 흰 후춧가루로 밑간을 한다.

❸ 달걀노른자와 흰자를 분리하고 흰자는 위스크를 이용하여 머랭을 올린다.

❹ 볼에 달걀노른자와 설탕 2g, 물 2Ts을 넣어 섞은 후 밀가루 3Ts을 넣고 가볍게 저은 다음 흰자 머랭 2Ts을 넣어 섞어준다.

❺ 새우는 밀가루옷을 입히고 ❹의 튀김옷을 꼬리만 남기고 입혀준다.

❻ 160~170℃의 예열한 기름에 새우가 휘어지지 않고 색이 나지 않게 튀겨낸다.

❼ 완성 접시에 담고 레몬과 파슬리를 가니쉬한다.

수험자
유의사항

1. 새우는 꼬리 쪽에서 한 마디 정도만 껍질을 남긴다.
2. 튀김반죽에 유의하고, 튀김의 색깔을 깨끗하게 한다.

HOW TO COOK

❶

❷

❸

❹

소요시간
25분

스파게티 카르보나라
Spaghetti Carbonara

재료 Ingredients

스파게티 면(건조 면) 80g, 올리브오일 20mL, 버터(무염)20g, 생크림 180mL,
베이컨(길이 15~20cm) 2개, 달걀 1개, 파마산 치즈가루 10g, 파슬리(잎, 줄기 포함) 1줄기,
소금(정제염) 5g, 검은 통후추 5개, 식용유 20mL

※ 주어진 재료를 사용하여 다음과 같이 **스파게티 카르보나라**를 만드시오.

가. 스파게티 면은 al dante(알 단테)로 삶아서 사용하시오.
나. 파슬리는 다지고 통후추는 곱게 으깨서 사용하시오.
다. 베이컨은 1cm 정도 크기로 썰어, 으깬 통후추와 볶아서 향이 잘 우러나게 하시오.
라. 생크림은 달걀노른자를 이용한 리에종(Liaison)과 소스에 사용하시오.

만드는 방법

❶ 볼에 달걀노른자와 생크림, 치즈가루를 넣고 거품기로 잘 섞어 리에종(Liaison)을 만들어 표면에 더껑이가 생기지 않도록 유니랩으로 덮어 놓는다.

❷ 스파게티 면은 끓는 물에 소금을 넣고 알 단테(al dante)로 삶아 물기를 뺀 후, 면이 서로 달라붙지 않도록 식용유를 발라준다.

❸ 팬을 달군 후 베이컨과 으깬 통후추를 넣어 향이 잘 우러나도록 볶아준다.

❹ ❸에 크림을 붓고 부드러운 상태가 되도록 중불에서 졸인 후 면을 넣어준다.

❺ 리에종을 넣어 마무리하면서 알갱이가 생기지 않도록 유의한다.

❻ 다진 파슬리를 넣고 잘 섞은 후 스파게티 접시에 보기 좋게 담는다.

수험자
유의사항

1. 크림은 한 번 끓으면 중불에서 졸여준다.
   (센불에서 크림을 졸이면 분리될 확률이 높다)
2. 리에종은 불을 끈 상태에서 조금씩 넣어 주면서
   재빨리 섞어주어야 알갱이가 생기지 않는다.
3. 삶을 때 면이 타거나 달라붙지 않도록 잘 저어준다.

HOW TO COOK

❶

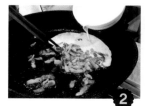
❷

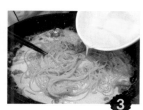
❸

❹

소요시간
30분

토마토소스 해산물 스파게티
Seafood spaghetti tomato sauce

재 료 Ingredients

스파게티 면(건조 면) 70g, 토마토(캔, 홀필드, 국물포함) 300g, 마늘 3쪽, 양파(중, 150g 정도) 1/2개,
바질(신선한 것) 4잎, 파슬리(잎, 줄기 포함) 1줄기, 방울토마토(붉은색) 2개, 올리브오일 40mL,
새우(껍질 있는 것) 3마리, 모시조개(지름 3cm 정도, 바지락 대체가능) 3개, 오징어(몸통) 50g,
관자살(50g 정도 또는 작은관자 3개 정도) 1개, 화이트 와인 20mL, 소금 5g, 흰 후춧가루 5g,
식용유 20mL

※ 주어진 재료를 사용하여 다음과 같이 **토마토소스 해산물 스파게티**를 만드시오.

요구사항
Requirement

가. 스파게티 면은 al dante(알 단테)로 삶아서 사용하시오.
나. 조개는 껍질째, 새우는 껍질을 벗겨 내장을 제거하고, 관자살은 편으로 썰고, 오징어는 0.8cm~0.5cm 정도 크기로 썰어 사용하시오.
다. 해산물은 화이트와인을 사용하여 조리하고, 마늘과 양파는 해산물 조리와 토마토소스 조리에 나누어 사용하시오.
라. 바질을 넣은 토마토소스를 만들어 사용하시오.
마. 스파게티는 토마토소스에 버무리고 다진 파슬리와 슬라이스 한 바질을 넣어 완성하시오.

만드는 방법

❶ 양파와 마늘은 잘게 다지고, 바질은 장식용으로 한 잎 남기고, 나머지는 슬라이스하고, 파슬리는 다져 놓는다.

❷ 토마토는 다져서 국물과 함께 준비하고, 방울토마토는 4등분으로 잘라 놓는다.

❸ 바지락은 해감시키고, 새우는 껍질을 벗기고 내장을 제거한다.

❹ 관자살은 손질해서 편으로 썰고, 오징어는 0.8cm×5cm 정도의 크기로 썰어 놓는다.

❺ 스파게티 면은 끓는 물에 소금을 넣고 알 단테(al dante)로 삶아 물기를 뺀 후, 면이 서로 달라붙지 않도록 식용유를 발라준다.

❻ 팬에 올리브유를 두르고 양파와 마늘을 볶은 후 해산물을 넣어 볶으면서 화이트 와인을 넣어준다.

❼ 다진 토마토를 넣고 은근하게 끓여 소금, 후추로 간하고 4등분한 방울토마토와 썰어 놓은 바질, 다진 파슬리를 넣는다.

❽ 소스의 농도가 맞으면 면을 넣고 앞뒤로 흔들며 잘 섞어서 접시에 담고 바질잎으로 장식한다.

수험자 유의사항

1. 토마토 소스의 농도가 묽지 않도록 유의한다.
2. 해물이 너무 질겨지지 않도록 유의한다.
3. 삶을 때 면이 타거나 달라붙지 않도록 잘 저어준다.

HOW TO COOK

 ❶

 ❷

 ❸

 ❹

소요시간 35분

Chapter 3

WESTERN CUISINE

양식조리
산업기사
실 기

Seafood Salad with Lemon Vinaigrette

해산물 샐러드와 레몬 비네그레트

재 료 Ingredients

홍합(Mussel)	40g	꽃상추 속잎(Korean Flower Lettuce)	20g	월계수 잎(Bay Leaf)	1ea
갑오징어(Squid)	30g	새우(Shrimp)	30g	차이브(Chive)	1Stem
모시조개(Shortnecked Clam)	100g	관자(Scallop)	20g	올리브오일(Olive Oil)	50mL
셀러리(Celery)	20g	붉은 파프리카(Red Paprika)	10g	으깬 후추(Pepper Corn Crushed)	pinch
청피망(Green Pimento)	10g	노란 파프리카(Yellow Paprika)	10g	소금(Salt)	Pinch
양파(Onion)	20g	레몬(Lemon)	20g	후추(Pepper)	Pinch
그린비타민(Green Vitamin)	10g	양상추(Lettuce)	30g		

❶ 홍합, 모시조개, 새우, 갑오징어, 관자는 손질해서 포칭(Poaching)한 후 키친타월에 물기를 제거한다.

❷ 야채는 물에 담가(Soak) 살린 후 손질한다.

❸ 파프리카는 쥴리엔느(Julienne)로 썰고 차이브(Chive)와 셀러리(Celery)로 장식(Garnish)한다.

❹ 접시에 야채와 포칭(Poaching)한 해산물(Seafood)을 보기 좋게 담고 레몬 비네그레트(Lemon Vinaigrette)를 뿌린다.

Method
만드는 방법

레몬 비네그레트 (Lemon Vinaigrette)

붉은 파프리카(Red Paprika) 10g, 노란 파프리카(Yellow Paprika) 10g, 청피망(Green Pimento) 10g,
레몬(Lemon) 20g, 양파(Onion) 20g, 올리브오일(Olive Oil) 50mL,
으깬 후추(Pepper Corn Crushed), 소금, 후추(Salt, Pepper) Pinch

만드는 방법

1. 피망과 파프리카는 스몰 다이스(Small Dice)로 썰어 물기를 빼놓는다.
2. 올리브오일과 레몬주스의 비율은 3:1로 하여 혼합하고 **1**의 재료와 소금, 후추로 양념한다.

Tuna Carpaccio with Vegetables and Sesame Flavored Soy Dressing

채소를 곁들인 참치 카파치오와 참기름 향의 간장 드레싱

재 료 Ingredients

참치(Tuna)	120g	양파(Onion)	10g	간장(Soy Sauce)	15mL
마늘(Garlic)	5g	애호박(Squash)	15g	올리브오일(Olive Oil)	30mL
붉은 파프리카(Red Paprika)	20g	아스파라거스(Asparagus)	10g	소금(Salt)	Pinch
청고추(Green Pepper)	5g	바질(Basil)	5g	후추(Pepper)	Pinch
마늘(Garlic)	10g	참기름(Sesame Oil)	5mL		
으깬 후추(Pepper Corn Crush)	50g	레몬주스(Lemon Juice)	10mL		

❶ 참치(Tuna)는 꽃소금 물에 해동한 다음 물기를 제거하고 으깬 후추로 4면을 골고루 묻혀 준다.

❷ 가열된 팬에 참치의 4면을 일정하게 굽는다.

❸ 아스파라거스는 얇게 슬라이스(Slice)해서 가볍게 소테(Sauté)하고, 호박과 파프리카는 페이잔느(Paysanne)로 썰어 소테(Sauté)한다.

❹ 마늘은 채 썰어 크리스피(Crispy)하게 튀기고, 바질(Basil)은 색깔이 변하지 않도록 유의하면서 튀긴다.

❺ 접시에 아스파라거스와 참치(Tuna)를 모양 있게 담고 채소를 곁들인 후 드레싱을 뿌린다.

❻ 마늘 크리스피(Crispy)와 바질(Basil)로 장식한다.

Method
만드는 방법

참기름 향의 간장 드레싱 (Sesame Flavor Soy Dressing)

다진 양파(Onion Chopped) 10g, 다진 마늘(Garlic Chopped) 5g, 붉은 파프리카(Red Paprika) 20g,
청고추(Green Pepper) 5g, 간장(Soy Sauce) 15mL, 올리브오일(Olive Oil) 30mL,
참기름(Sesame Oil) 5mL, 레몬주스(Lemon Juice) 10mL, 소금, 후추(Salt, Pepper) Pinch

만드는 방법

1. 올리브오일과 간장은 3:1의 비율로 잘 섞어준다.
2. 다진(Chopped) 청고추와 양파, 마늘, 파프리카를 넣고 잘 섞어준 후 소금, 후추로 양념하여 레몬주스와 참기름을 넣어준다.

Grilled Sea Bass on Saffron Risotto and Seasonal Vegetables with Basil Pesto

샤프란 리조또 위의 농어 구이와 계절 채소, 바질 페스토

재 료 Ingredients

농어(Sea Bass)	150g	당근(Carrot)	20g	타임(Thyme)	10g
단호박(Sweet Pumpkin)	20g	브로콜리(Broccoli)	20g	바질(Basil)	60g
표고버섯(Shiitake Mushroom)	20g	버터(Butter)	30g	올리브오일(Olive Oil)	50mL
양파(Onion)	30g	쌀(Rice)	50g	소금(Salt)	Pinch
파마산 치즈(Parmasan Cheese)	20g	샤프란(Saffron)	5g	후추(Pepper)	Pinch

❶ 농어(Sea Bass)는 비늘과 내장을 제거하여 필렛(Fillet)한다.

❷ 필렛(Fillet)한 농어(Sea Bass)는 껍질에 칼집을 넣고 바질, 타임, 올리브오일, 소금, 후추로 양념한다.

❸ 쌀은 미지근한 물에 불리고 샤프란(Saffron)은 소량의 물에 끓여 우러 나면 체에 거른 후 끓여준다.

❹ 호박과 당근, 브로콜리, 표고버섯은 모양 내어 데친 후 팬에 버터를 두르고 소테(Sauté)한다.

❺ 가열된 팬에 기름을 두르고 손질한 농어(Sea Bass)를 껍질 부분부터 구워 노릇하게 익혀 준다.

❻ 접시에 더운 채소(Hot Vegetable)와 몰드(Mould)를 사용해 샤프란 리조또(Saffron Risotto)를 담고 그 위에 익힌 농어(Sea Bass)를 올려준다.

❼ 바질 페스토(Basil Pesto) 소스로 터치해 완성한다.

Method
만드는 방법

바질 페스토 (Basil Pesto)

바질(Basil) 50g, 시금치(Spinach) 20g, 마늘(Garlic) 5g, 파마산 치즈(Parmasan Cheese) 15g, 잣(Pine nut) 10g, 호두(Walnut) 3g, 올리브오일(Olive Oil) 50mL, 소금, 후추(Salt, Pepper) Pinch

만드는 방법

1. 바질(Basil)과 시금치(Spinach), 잣, 호두, 마늘은 곱게 다진 후 파마산 치즈(Parmasan Cheese)를 넣고 혼합해준다.
2. 올리브오일에 위의 재료를 넣고 소금, 후추로 양념한다.
※ 대량으로 하는 경우 프로세서를 이용해 모든 재료를 넣고 갈아준다.

샤프란 리조또 (Saffron Risotto)

쌀(Rice) 50g, 버터(Butter) 15g, 파마산 치즈(Parmasan Cheese) 15g, 다진 양파(Onion Chopped) 10g, 샤프란(Saffron) 5g, 소금, 후추(Salt, Pepper) Pinch

만드는 방법

1. 쌀은 미지근한 물에 불리고 샤프란(Saffron)은 소량의 물에 끓여 우러나면 체에 거른다.
2. 닭 육수(Chicken Stock)를 만들어 놓는다.
3. 냄비에 버터를 넣고 다진 양파(Onion Chopped)를 넣고 볶다 불린 쌀을 넣어 조심스럽게 저어주면서 **2**의 닭 육수를 조금씩 넣어준다.
4. 리조또(Risotto)가 완성될 무렵 샤프란주스를 넣어 색상을 맞추고 파마산 치즈(Parmasan Cheese), 소금, 후추로 양념한다.

Pan Fried Salmon on Mushroom Risotto with Lemon Butter Cream Sauce

양송이버섯 리조또 위의 연어 구이와 레몬 버터 크림 소스

재 료 Ingredients

신선한 연어(Fresh Salmon)	150g	쌀(Rice)	50g	딜(Dill)	10g
생크림(Fresh Cream)	120g	버터(Butter)	50g	올리브오일(Olive Oil)	50mL
양파(Onion)	20g	양송이버섯(Mushroom)	50g	소금(Salt)	Pinch
아스파라거스(Asparagus)	20g	대파(Leek)	20g	후추(Pepper)	Pinch
파마산 치즈(Parmasan Cheese)	20g	타임(Thyme)	10g		

❶ 연어(Salmon)는 필렛(Fillet)하여 껍질과 가시를 제거하고 딜, 타임, 올리브오일, 소금, 후추로 양념한다.

❷ 아스파라거스는 데친 후 팬에 소테(Sauté)하고 대파는 얇게 썰어 물에 담가 진액과 물기를 제거하고 밀가루를 살짝 뿌려 기름에 튀긴다.

❸ 가열된 팬에 올리브오일을 두르고 손질한 연어(Salmon)를 노릇하게 구워준다.

❹ 접시에 양송이 리조또(Mushroom Risotto)를 담고 그 위에 구운 연어(Salmon)를 올리고, 아스파라거스와 대파로 장식한다.

❺ 레몬 버터 크림 소스(Lemon Butter Cream Sauce)에 차이브(Chive)와 토마토 콩카세(Tomato Concassé)를 넣어 완성한다.

Method
만드는 방법

양송이버섯 리조또 (Mushroom Risotto)

쌀(Rice) 50g, 생크림(Fresh Cream) 30g, 버터(Butter) 20g, 다진 양파(Onion Chopped) 10g, 양송이버섯(Mushroom) 30g, 파마산 치즈(Parmasan Cheese) 15g

만드는 방법

1. 쌀은 미지근한 물에 불리고, 양파는 다져(Chopped)놓고 양송이버섯은 슬라이스(Slice)한다.
2. 닭 육수(Chicken Stock)를 만들어 놓는다.
3. 냄비에 버터를 넣고 다진 양파(Onion Chopped) 와 양송이 슬라이스(Slice)를 넣고 볶다 불린 쌀을 넣어 조심스럽게 저어주면서 2의 닭 육수를 조금씩 넣어준다.
4. 리조또(Risotto)가 완성될 무렵 크림과 파마산 치즈(Parmasan Cheese)를 넣고 소금, 후추로 양념한다.

레몬 버터 크림 소스 (Lemon Butter Cream Sauce)

생크림(Fresh Cream) 80mL, 레몬(Lemon) 20g, 버터(Butter) 20g, 백포도주(White Wine) 60mL, 식초(Vinegar) 15g, 양파(Onion) 10g, 파슬리 줄기(Parsley Stem) 5g, 월계수 잎(Bay Leaf) 5g, 통후추(Pepper Corn) 3g, 차이브(Chive) 5g, 토마토 콩카세(Tomato Concassé) 20g, 소금, 후추(Salt, Pepper) Pinch

만드는 방법

1. 생크림(Fresh Cream)은 졸여(Reduce)놓는다.
2. 팬에 백포도주(White Wine), 통후추(Pepper Corn), 양파(Onion), 파슬리 줄기(Parsley Stem), 월계수 잎(Bay Leaf)을 넣고 2/3 정도 졸인 후 거른다.
3. 팬에 1과 2를 넣고 약한 불에 버터를 조금씩 넣으면서 거품기로 분리되지 않게 잘 저어준다.
4. 소금, 레몬주스로 양념한다.
5. 차이브 찹(Chive Chop)과 토마토 콩카세(Tomato Concassé)를 넣고 완성한다.

Black Olive Tapenade of Pan-Grilled Sea Bass and Saffron Sauce with Spinach Sauce

블랙 올리브를 발라 구운 농어와 샤프란 소스, 시금치 소스

재 료 Ingredients

농어(Sea Bass)	140g	대파(Leek)	50g	백포도주(White Wine)	50mL
블랙올리브(Black Olive)	30g	앤초비(Anchovy)	5g	레몬주스(Lemon Juice)	5mL
양파(Onion)	100g	밀가루(Flour)	30g	올리브오일(Olive Oil)	120mL
마늘(Garlic)	30g	바질(Basil)	10g	소금(Salt)	Pinch
케이퍼(Caper)	10g	타임(Thyme)	10g	후추(Pepper)	Pinch
붉은 파프리카(Red Paprika)	30g	샤프란(Saffron)	5g		
버터(Butter)	150g	생크림(Fresh Cream)	200mL		

❶ 농어(Sea Bass)는 비늘과 내장을 제거하여 필렛(Fillet)한다.

❷ 필렛(Fillet)한 농어(Sea Bass)는 껍질 쪽에 칼집을 넣고 바질, 타임, 올리브오일, 소금, 후추로 양념한다.

❸ 블랙올리브, 앤초비(Anchovy), 케이퍼(Caper), 양파, 마늘을 곱게 다진 후(Fine Chopped) 레몬주스와 올리브오일을 넣고 소금, 후추로 양념 한다(Black Olive Tapenade).

❹ 가열된 팬에 기름을 두르고 손질한 농어(Sea Bass)를 껍질부터 구워낸 다음 ❸의 재료를 껍질 위에 고루 발라 180℃의 오븐에 넣어 익힌다.

❺ 파프리카는 태워서 껍질을 제거하고 올리브오일에 살짝 소테(Sauté)한다.

❻ 대파는 얇게 슬라이스(Slice)해서 물에 담가 진을 제거하고 밀가루를 뿌려 기름에 튀긴다.

❼ 접시에 샤프란 소스를 뿌리고 구운 농어를 올려 파프리카는 모양 있게 담고, 시금치 소스로 페인 팅(Painting)한다.

❽ 대파와 튀일(Tuile)로 장식한다.

Method
만드는 방법

튀일 (Tuile)

밀가루(Flour) : 올리브오일(Olive Oil) : 물(Water) = 1 : 7 : 7의 비율로 반죽해서 팬에서 만든다.

※ 물 대신 즙을 사용하여 다양한 색상과 모양으로 튀일(Tuile)을 만들 수 있다.

샤프란 소스 (Saffron Sauce)

샤프란(Saffron) 5g, 양파(Onion) 50g, 생크림(Fresh Cream) 100mL, 마늘(Garlic) 20g, 백포도주(White Wine) 30mL, 생선 육수(Fish Stock) 100mL, 버터(Butter) 50g, 올리브오일(Olive Oil) 50mL, 소금, 후추(Salt, Pepper) Pinch

만드는 방법

1. 예열된 팬에 버터와 올리브오일을 넣고 색깔이 나지 않게 양파, 대파를 볶다 마늘을 넣고 볶는다.
2. 백포도주, 생선 육수, 샤프란을 넣고 끓이다 생크림을 넣고 졸여준다.
3. 샤프란 소스에 소금, 후추로 양념하고 끓여준 뒤 믹서기(Blender)로 갈아 고운체에 거른다.

시금치 소스 (Spinach Sauce)

시금치(Spinach) 80g, 마늘(Garlic) 5g, 양파(Onion) 30g, 대파(Leek) 20g, 생크림(Fresh Cream) 100mL, 백포도주(White Wine) 20mL, 올리브오일(Olive Oil) 50mL, 버터(Butter) 50g, 소금, 후추(Salt, Pepper) Pinch

만드는 방법

1. 가열된 팬에 버터와 올리브오일을 넣고 색깔이 나지 않게 양파, 대파를 볶다가 마늘을 넣고 볶는다.
2. 백포도주(White Wine)와 생크림을 넣어 졸여준다.
3. 시금치는 줄기를 다듬어 데쳐서 물기를 제거해 놓는다.
4. **2**에 시금치를 넣고 소금, 후추로 양념을 하고 끓여준 뒤 믹서기(Blender)로 갈아 고운체에 거른다.

Red Snapper in Potato Crush and White Wine Sauce

감자로 싸서 구운 적도미와 백포도주 소스

재 료 Ingredients

적도미(Red Snapper)	140g	호박(Squash)	70g	올리브오일(Olive Oil)	50mL
버터(Butter)	50g	타임(Thyme)	10g	소금(Salt)	Pinch
감자(Potato)	100g	처빌(Chervil)	10g	후추(Pepper)	Pinch
표고버섯(Shiitake Mushroom)	40g	방울토마토(Cherry Tomato)	1ea		
양파(Onion)	20g	백포도주(White Wine)	100mL		

❶ 도미(Red Snapper)는 비늘과 내장을 잘 제거하여 필렛(Fillet)한다.

❷ 필렛(Fillet)한 도미(Red Snapper)는 껍질 쪽에 칼집을 넣고 타임, 올리브오일, 소금, 후추로 양념한다.

❸ 감자는 채소 커터기(Vegetable Cutter)로 잘라 ❶의 도미(Red Snapper)에 촘촘하게 말아준다(끝 부분에 밀가루를 발라 감자가 벌어지지 않도록 유의한다).

❹ 가열된 팬에 올리브오일을 두르고 노릇하게 색깔을 내어 180℃의 오븐에서 익힌다.

❺ 호박은 살짝 데치고 표고버섯은 슬라이스(Slice)하여 팬에 버터를 두르고 소테(Sauté)한다.

❻ 방울토마토는 살짝 데친 후 오븐 드라이(Oven Dry: 소금, 설탕, 타임, 올리브오일로 양념)한다.

❼ 접시에 호박을 담아 도미(Red Snapper)를 올리고 소스를 뿌린 다음 방울토마토와 더운 채소(Hot Vegetable)를 곁들여 완성한다.

Method
만드는 방법

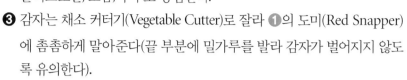

화이트 와인 소스 (White Wine Sauce)

생선 육수(Fish Stock) 100mL, 백포도주(White Wine) 60mL, 생크림(Fresh Cream) 80mL, 버터(Butter) 30g, 양파(Onion)10g, 마늘(Garlic) 20g, 파슬리 줄기(Parsley Stem) 5g, 월계수 잎(Bay Leaf) 5g, 소금, 후추(Salt, Pepper) Pinch

만드는 방법

1. 생선 육수(Fish Stock)에 백포도주와 양파(Onion), 마늘(Garlic), 파슬리 줄기(Parsley Stem), 월계수 잎(Bay Leaf)을 넣고 1/3 정도 은근히 졸인다.
2. 생크림을 넣고 1/2로 졸인 후 소금, 후추로 양념하고 버터 몬테(Monté au Beurre) 후 농도를 맞추어 체에 거른다.

Roast Chicken Breast and Potatoes Fondante with Shiitake Mushroom Supreme Herb Sauce

닭 가슴살 구이와 폰단드 포테이토, 생표고버섯을 곁들인 슈프림 허브 소스

재 료 Ingredients

닭 가슴살(Chicken Breast)	140g	대파(Leek)	20g	로즈마리(Rosemary)	10g
방울토마토(Cherry Tomato)	1ea	미니 파프리카(Mini Paprika)	10g	올리브오일(Olive Oil)	50mL
가지(Egg plant)	10g	밀가루(Flour)	30g	소금(Salt)	Pinch
표고버섯(Shiitake Mushroom)	20g	버터(Butter)	100g	후추(Pepper)	Pinch
닭 육수(Chicken Stock)	100mL	야스파라거스(Asparagus)	10g		
감자(Potato)	100g	타임(Thyme)	10g		

❶ 닭 가슴살(Chicken Breast)은 뼈와 힘줄을 제거하고 다진(Chopped) 로즈마리, 타임, 올리브오일, 소금, 후추로 양념한다.

❷ 가지와 아스파라거스, 표고버섯은 잘 손질하고 파프리카는 껍질을 태워 제거한다(채소는 각기 다른 조리법으로 조리한다).

❸ 방울토마토는 데친 후 껍질(Skin)을 살려 오븐 드라이(Oven Dry: 소금, 설탕, 타임, 올리브오일로 양념)한다.

❹ ❶의 닭 가슴살(Chicken Breast)에 밀가루를 묻혀 가열된 팬에 노릇하게 구워 준다.

❺ 접시에 더운 채소(Hot Vegetables)와 구운 닭 가슴살(Chicken Breast)을 모양 있게 담는다.

❻ 표고버섯은 슬라이스(Slice)하여 소테(Sauté)하고, 소스에 넣어 잘 섞은 후 닭 가슴살(Chicken Breast)에 알맞게 뿌려 완성한다.

Method
만드는 방법

슈프림 허브 소스 (Supreme Herb Sauce)

백포도주(White Wine) 10mL, 밀가루(Flour) 20g, 생크림(Fresh Cream) 30mL, 버터(Butter) 50g, 양파(Onion) 20g, 닭 육수(Chicken Stock) 100mL, 세이지(Sage) 5g, 타임(Thyme) 5g, 레몬주스(Lemon Juice) 10mL, 소금, 후추(Salt, Pepper) Pinch

만드는 방법

1. 치킨 벨롯데(Chicken Velouté)를 만든다[버터 1, 밀가루 1의 비율로 브론드 루(Blond Roux)를 만들어 닭 육수를 넣어 끓인다].
2. 치킨 벨롯데(Chicken Velouté)를 끓이면서 레몬주스(Lemon Juice)와 생크림(Fresh Cream)을 넣어 농도를 맞춘다.
3. 소금, 후추로 양념하고 끓으면 체에 거른다.
4. 체에 거른 소스는 슬라이스(Slice)하여 볶은 표고버섯(Shiitake Mushroom)을 넣고 한 번 더 끓여준다.

폰단드 포테이토 (Fondant Potatoes)

깨끗이 씻은 감자는 반으로 잘라 보일드 감자(Boiled Potato) 모양으로, 좀 더 크게 다듬는다. 팬에 버터를 두르고 노릇하게 색을 낸 후 버터와 스톡을 넣은 로스팅(Roasting) 팬에 소금, 후추로 양념하여 오븐에서 조리한다.

※ 주로 가금류, 육류 요리에 제공한다.

Stuffed Chicken Breast Spinach and Cheese with Spinach Puree

시금치와 치즈를 채워 말은 닭 가슴살 구이와 시금치 퓨레

재 료 Ingredients

닭 가슴살(Chicken Breast)	140g	생표고버섯(Shiitake Mushroom)	20g	식초(Vinegar)	20mL
버터(Butter)	100g	치커리(Chicory)	5g	소금(Salt)	Pinch
고구마(Sweet Potato)	10g	플레인 요거트(Plain Yogurt)	2ea	후추(Pepper)	Pinch
아스파라거스(Asparagus)	10g	방울토마토(Cherry Tomato)	1ea		
마(Yam)	20g	올리브오일(Olive Oil)	50mL		
시금치(Spinach)	80g	우유(Milk)	200mL		

❶ 닭 가슴살(Chicken Breast)의 지방과 힘줄, 껍질(Skin)을 제거하고 반
   으로 갈라 일정한 모양이 나오게 하여 소금, 후추로 양념한다.

❷ 냄비에 우유를 80℃로 데워 식초와 플레인 요거트(Plain Yogurt)를 넣
   은 후, 내용물이 끓어 응고되면 소창에 걸러 물기를 제거하고 치즈를 완
   성한다.

Method
만드는 방법

❸ ❶의 닭 가슴살(Chicken Breast) 위에 시금치를 펴서 놓고 치즈를 일정
   하게 발라 둥글게 말아 놓는다.

❹ 아스파라거스는 데치고, 슬라이스(Slice)한 표고버섯은 각각 소테(Sauté)한다.

❺ 마는 직사각으로 모양내어 썰고 데친 후 물기를 제거해 준다.

❻ 방울토마토는 4등분하여 오븐에 굽는다(소금, 설탕, 타임, 올리브오일로 양념).

❼ 가열된 팬에 ❸의 닭 가슴살(Chicken Breast)을 색을 내어 노릇노릇하게 구워준다.

❽ 고구마는 얇게 썬 후 물에 담가 전분을 제거하고 기름에 튀겨 낸다.

❾ 접시의 한 쪽에 마를 담고 그 위에 채소를 가지런히 올려 놓는다.

❿ 닭 가슴살(Chicken Breast)은 모양내 자르고 시금치 퓨레(Spinach Puree)를 곁들여 완성한다.

시금치 퓨레 (Spinach Puree)

시금치(Spinach) 80g, 마늘(Garlic) 10g, 양파(Onion) 30g, 대파(Leek) 20g, 생크림(Fresh Cream) 100mL,
백포도주(White Wine) 20mL, 올리브오일(Olive Oil) 50mL, 버터(Butter) 10g,
소금, 후추(Salt, Pepper) Pinch

만드는 방법

1. 가열된 팬에 오일을 두르고 대파와 양파를 볶다(Sauté) 마늘을 첨가해 볶는다.
2. 백포도주(White Wine)를 넣어 좋지 않은 냄새를 없애고 크림을 넣어 졸여준다.
3. 시금치는 줄기를 다듬어 데쳐서 물기를 제거해 놓는다.
4. **2**에 시금치를 넣고 소금, 후추로 양념을 하여 끓여준 뒤 믹서기(Blender)로 갈아 고운체에 거른다.

Chicken Roulade Stuffed and Caramelized Vegetables with Tomato Sauce

여러 가지 채소를 넣어 말은 닭 가슴살 구이와 토마토 소스

재 료 Ingredients

닭 가슴살(Chicken Breast)	140g	노란 파프리카(Yellow Paprika)	50g	닭 육수(Chicken Stock)	100mL
애호박(Squash)	50g	양파(Onion)	50g	올리브오일(Olive Oil)	50mL
붉은 파프리카(Red Paprika)	50g	버터(Butter)	50g	소금(Salt)	Pinch
당근(Carrot)	30g	타임(Thyme)	10g	후추(Pepper)	Pinch
마늘(Garlic)	30g	로즈마리(Rosemary)	10g		
브로콜리(Broccoli)	10g	방울토마토(Cherry Tomato)	1ea		

138

❶ 닭 가슴살(Chicken Breast)은 뼈와 힘줄을 제거하고 다진(Chopped) 로즈마리, 타임, 올리브오일, 소금, 후추로 양념한다.

❷ 양파, 호박, 파프리카는 페이잔느(Paysanne)로 썰어 소테(Sauté)하고 양파는 속 부분의 원형을 살려 컵을 만든다.

❸ 방울토마토는 데친 후 껍질(skin)을 살려 오븐 드라이(Oven Dry: 소금, 설탕, 타임, 올리브오일로 양념)한다.

❹ 나머지 양파, 호박, 파프리카와 당근은 쥴리엔느(Julienne)로 썰어 볶은 후 ❶의 닭 가슴살 (Chicken Breast) 위에 가지런히 놓고 둥글게 말아 놓는다.

❺ 가열된 팬에 닭 가슴살(Chicken Breast)을 노릇하게 구운 후 오븐에 다시 굽는다.

❻ 접시에 양파 컵에서 흘러나오듯 더운 채소(Hot Vegetables)를 곁들이고 토마토 소스(Tomato Sauce) 위에 구운 닭 가슴살(Chicken Breast)을 모양 있게 담아 완성한다.

Method
만드는 방법

토마토 소스 (Tomato Sauce)

토마토 페이스트(Tomato Paste) 50g, 베이컨(Bacon) 20g, 닭 육수(Chicken Stock) 100mL, 토마토(Tomato) 150g, 마늘(Garlic) 30g, 다진 양파(Onion Chopped) 50g, 당근(Carrot) 30g, 밀가루(Flour) 20g, 설탕(Sugar) 10g, 버터(Butter) 50g, 올리브오일(Olive Oil) 50mL, 월계수 잎(Bay Leaf) 5g, 소금, 후추(Salt, Pepper) Pinch

만드는 방법

1. 냄비에 버터를 녹이고 다진 양파(Onion Chopped), 당근(Carrot), 마늘(Garlic)과 베이컨(Bacon)을 넣어 볶는다.
2. 밀가루를 넣고 브론드 루(Blond Roux)를 만든 다음 토마토 페이스트(Tomato Paste)를 넣고 잘 볶아준다.
3. 닭 육수(Chicken Stock)를 넣어 잘 풀어주고, 다진 토마토와 월계수 잎(Bay leaf)을 넣고 30분 정도 끓여준다.
4. 소금, 후추, 설탕으로 양념하고 고운체에 거른다.

Pan Fried Chicken Breast and Williams Potatoes with 'Hawaian' Pineapple Sauce

닭 가슴살 구이와 윌리엄 포테이토, 파인애플 소스

재 료 Ingredients

닭 가슴살(Chicken Breast)	140g	백만송이버섯(Mushroom)	20g	로즈마리(Rosemary)	10g
감자(Potato)	100g	빵가루(Bread Crumb)	20g	달걀(Egg)	1ea
단호박(Sweet Pumpkin)	30g	밀가루(Flour)	20g	방울토마토(Cherry Tomato)	1ea
파인애플(Pineapple)	30g	버터(Butter)	50g	생크림(Fresh Cream)	50mL
스파게티(Spaghetti)	10g	마늘(Garlic)	20g	올리브오일(Olive Oil)	50mL
양파(Onion)	50g	타임(Thyme)	10g	소금(Salt)	Pinch
브로콜리(Broccoli)	20g	타라곤(Tarragon)	10g	후추(Pepper)	Pinch

❶ 닭 가슴살(Chicken Breast)은 지방, 힘줄을 제거하고 소금, 후추로 양념한다.

❷ 마늘과 타임, 로즈마리는 곱게 다져(Chopped) 놓는다.

❸ ❶의 닭 가슴살(Chicken Breast)에 마늘과 타임, 로즈마리, 올리브오일로 마리네이드(Marinade)한다.

❹ 방울토마토는 데쳐서 양념하여 오븐에 굽는다(소금, 설탕, 타임, 올리브오일로 양념).

❺ 브로콜리는 데친 후 소테(Sauté)하고, 백만송이버섯도 소테(Sauté)한다.

❻ 가열된 팬에 ❸의 닭 가슴살(Chicken Breast)을 노릇하게 색을 내어 오븐에 굽는다.

❼ 접시에 닭 가슴살(Chicken Breast)을 담고 더운 채소(Hot Vegetable)를 곁들여 파인애플 소스를 뿌려 완성한다.

Method
만드는 방법

파인애플 소스 (Pineapple Sauce)

파인애플(Pineapple) 20g, 데미 글라스(Demi Glace) 100mL, 양파(Onion) 30g, 월계수 잎(Bay Leaf) 5g 마늘(Garlic) 5g, 백포도주(White Wine) 50mL, 올리브오일(Olive Oil) 50mL, 소금, 후추(Salt, Pepper) Pinch

만드는 방법

1. 양파와 마늘은 다지고(Chopped) 파인애플은 스몰 다이스(Small Dice)로 썰어 놓는다.
2. 가열된 팬에 올리브오일을 두르고 양파와 마늘을 볶다 백도포주를 넣어준다.
3. 데미 글라스(Demi glace)와 월계수 잎(Bay Leaf)을 넣고, 끓으면 고운체에 거른다.
4. **3**의 소스에 파인애플 스몰 다이스를 넣고 소금, 후추로 양념하고 농도를 맞춘다.

윌리엄 포테이토 (Williams Potatoes)

1. 크로켓 포테이토(Croquette Potato) 반죽을 만들어 40g 크기의 서양 배(Pear) 모양으로 만든다.
2. 밀가루, 달걀, 빵가루 순으로 묻혀 스파게티 면(Spaghetti)을 꽂는다(꼭지).
3. 180℃의 기름에 갈색이 나게 튀겨 기름기를 제거한다.

크로켓 포테이토 (Croquette Potatoes)

감자를 무르게 삶아 으깨어 체에 내린 후 소금, 후추, 버터, 넛맥, 달걀노른자를 넣고 잘 섞어 엄지손가락(지름 2cm, 길이 5cm) 크기의 굵기로 만들어 밀가루, 달걀, 빵가루 순으로 묻혀 기름에 황금갈색(Golden Brown)으로 튀긴다.

Oven Baked Herb Marinade Duck Breast and Creamy Polenta with Bigarade Sauce

오븐에 구운 오리 가슴살과 크림 폴렌타, 비가라드 소스

재 료 Ingredients

오리 가슴살(Duck Breast)	150g	버터(Butter)	30g	올리브오일(Olive Oil)	50mL
새송이버섯(King Oyster Mushroom)	20g	타임(Thyme)	10g	소금(Salt)	Pinch
가지(Egg plant)	20g	로즈마리(Rosemary)	20g	후추(Pepper)	Pinch
브로콜리(Broccoli)	20g	오렌지(Orange)	1ea		
당근(Carrot)	20g	브랜디(Brandy)	15mL		

❶ 오리 가슴살(Duck Breast)은 지방과 힘줄을 제거하고 다진(Chopped) 로즈마리, 타임, 올리브오일, 소금, 후추로 양념한다.

❷ 가열된 팬에 오리 가슴살(Duck Breast)을 노릇하게 구워 175℃의 오븐에 미디엄 웰던(Medium Well-done)으로 익힌다.

❸ 브로콜리는 데친 후 버터에 볶아주고 당근은 샤또(Chateau)로 다듬어 글레이징(Glazing)한다.

❹ 새송이버섯과 가지는 소테(Sauté)한다.

❺ 접시에 오리 가슴살(Duck Breast)을 담고 폴렌타(Polenta)와 더운 채소(Hot Vegetable)를 곁들여 소스를 뿌린다.

❻ 오렌지 제스트(Orange Zest)와 오렌지 세그먼트(Orange segment), 로즈마리(Rosemary)로 장식한다.

Method
만드는 방법

비가라드 소스 (Bigarade Sauce)

데미 글라스(Demi Glace) 100mL, 적포도주 식초(Red Wine Vinegar) 10mL, 오렌지(Orange) 1ea, 설탕(Sugar) 10g, 포도잼(Grape Jam) 5g, 브랜디(Brandy) 5mL, 소금, 후추(Salt, Pepper) Pinch

만드는 방법

1. 팬에 설탕을 넣고 가열하여 연한 갈색이 나면 적포도주 식초(Red Wine Vinegar)를 넣고 졸여 준다.
2. **1**에 포도잼을 넣어 끓여 주고 오렌지주스를 넣고 1/3 정도 졸여 준다.
3. 브랜드로 후람베(Flambé) 해주고 데미 글라스(Demi Glace)를 넣고 소금, 후추로 양념하고 고운체에 거른다.

후람베 (Flambé)
서양요리의 고급 조리법 중 하나로 높은 도수의 술로 불을 붙여 알코올을 태워 재료의 잡내를 제거하고 향을 내는 조리법이다.

비가라드 (Bigarade)란?
프랑스 중부지방 니스(Nice)의 특산품으로 큐라소(Curacao)를 만드는 오렌지이다. 큐라소는 오렌지 리큐르인데 원칙적으로 오렌지 껍질만을 사용하여 만들며, 새콤달콤한 맛이 특징이다.

크림 폴렌타 (Creamy Polenta)

폴렌타(Polenta) 20g, 우유(Milk) 150mL, 양파(Onion) 20g, 버터(Butter) 30g, 올리브오일(Olive Oil) 50mL, 소금, 후추(Salt, Pepper) Pinch

만드는 방법

1. 냄비에 버터, 올리브오일을 넣고 양파를 타지 않게 볶는다.
2. 우유를 넣고 바로 폴렌타(Polenta)를 넣어 주걱으로 눌어붙지 않게 잘 저어주며 끓인다(온도에 유의).
3. 폴렌타(Polenta) 입자가 퍼지면 소금, 후추로 양념한다.

오렌지 제스트 (Orange Zest)

1. 오렌지 껍질을 흰 부분 없이 얇게 포를 뜬 후 슬라이스(Slice)한다.
2. **1**을 데친 후 걸러서 물기를 제거하고 팬에 올리브오일을 넣고 소테(Sauté)하다 설탕을 넣어 크리스피(Crisp)하게 잘 볶아준다.

Stuffed Duck Leg Vegetables Julienne and Fondante Potatoes with Mango Sauce

여러 가지 채소를 채운 오리 다리살과 폰단드 포테이토, 망고 소스

재 료 Ingredients

오리 다리살(Duck Leg)	140g	브로콜리(Broccoli)	30g	조리용 실(Cooking Thread)	30cm
붉은 파프리카(Red Paprika)	20g	당근(Carrot)	30g	망고퓨레(Mango Puree)	80mL
애호박(Squash)	20g	양파(Onion)	30g	브랜디(Brandy)	20mL
토마토(Tomato)	30g	셀러리(Celery)	20g	올리브오일(Olive Oil)	50mL
표고버섯(Shiitake Mushroom)	15g	버터(Butter)	50g	소금(Salt)	Pinch
시금치(Spinach)	20g	세이지(Sage)	10g	후추(Pepper)	Pinch
노란 파프리카(Yellow Paprika)	20g	타임(Thyme)	10g		
감자(Potato)	100g	로즈마리(Rosemary)	10g		

144

❶ 오리 다리살(Duck Leg)은 지방과 힘줄을 제거하고 고르게 펴서 소금, 후추와 다진 세이지(Sage)를 오리 다리살(Duck Leg)에 마리네이드(Marinade)한다.

❷ 쥴리엔느(Julienne)로 썬 파프리카, 당근, 셀러리, 호박을 데치고, 시금치도 데쳐 식혀 둔다.

❸ ❶의 오리 다리살(Duck Leg)에 시금치를 깔고 그 위에 채소를 가지런히 담고 내용물을 둥글게 말아 조리용 실(Cooking Thread)로 잘 묶어 준다.

❹ 가열된 팬에 버터를 두르고 ❸을 노릇하게 구워 180℃의 오븐에서 익힌다.

❺ 토마토는 데친 후 껍질과 씨를 제거하고 오븐 드라이(Oven Dry: 소금, 설탕, 타임, 올리브오일로 양념)한다.

❻ 브로콜리는 데쳐 소테(Sauté)하고, 표고버섯은 슬라이스(Slice)해서 소테(Sauté)한다.

❼ 접시에 더운 채소(Hot Vegetable)를 곁들이고, 망고 소스(Mango Sauce)를 조심스럽게 뿌려 오리 다리살(Duck Leg)을 썰어 가지런히 담아 완성한다.

Method
만드는 방법

망고 소스 (Mango Sauce)

망고 퓨레(Mango Puree) 80mL, 오리 육즙(Duck Juice) 30mL, 소금, 후추(Salt, Pepper) Pinch

만드는 방법

1. 오리 다리살(Duck Leg)의 육즙을 걸러 팬에 넣고 졸이다 망고 퓨레(Mango Puree)를 넣어 함께 끓여 준다.
2. 소금, 후추로 양념하고 버터 몬테(Monté au Beurre)하여 완성한다.

폰단드 포테이토 (Fondant Potatoes)

깨끗이 씻은 감자는 반으로 잘라 보일드 감자(Boiled Potato) 모양으로 좀 더 크게 다듬는다. 팬에 버터를 두르고, 노릇하게 색을 낸 후 버터와 스톡을 넣은 로스팅(Roasting) 팬에 소금, 후추로 양념하여 오븐에서 조리한다.

※ 주로 가금류, 육류 요리에 제공한다.

Roast Duck Breast and Duchesse Potatoes with Bigarade Sauce

오리 가슴살 구이와 더치스 포테이토, 비가라드 소스

재 료 Ingredients

오리 가슴살(Duck Breast)	150g	미니 파프리카(Baby Paprika)	20g	로즈마리(Rosemary)	10g
단호박(Sweet Pumpkin)	50g	토마토(Tomato)	30g	달걀노른자(Egg Yolk)	1ea
감자(Potato)	100g	버터(Butter)	30g	올리브오일(Olive Oil)	50mL
오렌지 제스트(Orange Zest)	30g	넛맥 파우더(Nutmeg Powder)	2g	소금(Salt)	Pinch
브로콜리(Broccoli)	20g	타임(Thyme)	10g	후추(Pepper)	Pinch

❶ 오리 가슴살(Duck Breast)은 손질 후 소금, 후추로 양념한다.

❷ 단호박은 모양을 내어 손질한 후 삶는다.

❸ 브로콜리는 데친 후 버터에 소테(Sauté)하고, 파프리카는 껍질을 태워 제거한 후 올리브오일에 소테(Sauté)한다.

❹ 토마토는 데친 후 4등분하여 껍질과 씨를 제거하고 오븐 드라이(Oven Dry: 소금, 설탕, 타임, 올리브오일로 양념)한다.

❺ 가열된 팬에 오리 가슴살(Duck Breast)을 색깔을 내어 180℃ 오븐에 미디엄 웰던(Medium Well-done)으로 굽는다.

❻ 접시에 오리 가슴살(Duck Breast)을 가지런히 담고 더운 채소(Hot Vegetable)를 곁들여 소스를 뿌린다.

❼ 오렌지 제스트(Orange Zest)와 로즈마리(Rosemary)로 장식한다.

Method
만드는 방법

비가라드 소스 (Bigarade Sauce)

데미 글라스(Demi Glace) 100mL, 적포도주 식초(Red Wine Vinegar) 10mL, 오렌지(Orange) 1ea, 설탕(Sugar) 10g, 포도잼(Grape Jam) 5g, 브랜디(Brandy) 5mL, 소금, 후추(Salt, Pepper) Pinch

만드는 방법

1. 팬에 설탕을 넣고 가열하여 연한 갈색이 나면 적포도주 식초(Red Wine Vinegar)를 넣고 졸여 준다.

2. 1에 포도잼을 넣어 끓여 주고 오렌지주스를 넣고 1/3 정도 졸여 준다.

3. 브랜드로 후람베(Flambé)해주고 데미 글라스(Demi Glace)를 넣고 소금, 후추로 양념하여 체에 내려 사용한다.

후람베 (Flambé)
서양요리의 고급 조리법 중 하나로 높은 도수의 술로 불을 붙여 알코올을 태워 재료의 잡내를 제거하고 향을 내는 조리법이다.

비가라드 (Bigarade)란?
프랑스 중부지방 니스(Nice)의 특산품으로 큐라소(Curacao)를 만드는 오렌지로, 큐라소는 오렌지 리큐르인데 원칙적으로 오렌지 껍질만을 사용하여 만들며, 새콤달콤한 맛이 특징이다.

오렌지 제스트 (Orange Zest)

1. 오렌지 껍질을 흰 부분 없이 얇게 포를 떠 슬라이스(Slice)한다.

2. 1을 데친 후 걸러서 물기를 제거한 다음 팬에 올리브오일을 넣고 소테(Sauté)하다 설탕을 넣어 크리스피(Crisp)하게 잘 볶아준다.

더치스 포테이토 (Duchesse Potatoes)

※ '공작부인'이라는 뜻을 가지고 있다.

1. 감자를 무르게 삶아 으깨어 체에 내린 후 소금, 후추, 버터, 넛맥, 달걀노른자를 넣고 잘 섞는다.

2. 위의 재료를 짤주머니(Pastry Bag)에 넣어 오븐 팬에 버터를 바르고, 작은 원형을 위로 그리며 짜준다. 달걀물을 붓으로 발라 주고 170℃의 오븐에서 노릇한 색깔이 나도록 굽는다.

Rib-eye Steak Tyrolian Style and Parmentier Potatoes with Mushroom Sauce

티롤리안 스타일 립아이 스테이크와 파르망티에 포테이토, 양송이 소스

재 료 Ingredients

립아이 스테이크(Rib-eye Steak)	150g	밀가루(Flour)	30g	달걀(Egg)	1ea
아스파라거스(Asparagus)	20g	감자(Potato)	100g	데미 글라스(Demi Glace)	100mL
새송이버섯(King Oyster Mushroom)	20g	버터(Butter)	50g	생크림(Fresh Cream)	50mL
마늘(Garlic)	50g	빵가루(Bread Crumb)	50g	올리브오일(Olive Oil)	50mL
단호박(Sweet Pumpkin)	20g	타임(Thyme)	10g	소금(Salt)	Pinch
양파(Onion)	60g	방울토마토(Cherry Tomato)	1ea	후추(Pepper)	Pinch

148

❶ 립아이 스테이크(Rib-eye Steak)는 지방을 제거하고 소금, 후추로 양념한다.

❷ 단호박은 모양이 부서지지 않게 버터물에 삶는다.

❸ 아스파라거스는 데쳐서 소테(Sauté)한다.

❹ 방울토마토는 살짝 데친 후 오븐 드라이(Oven Dry: 소금, 설탕, 타임, 올리브오일로 양념)한다.

❺ 새송이버섯은 팬에 살짝 소테(Sauté)한다.

❻ 양파는 링(Ring)으로 썰어 밀가루, 달걀, 빵가루를 입혀 튀긴다.

❼ ❶의 스테이크(Steak)를 팬에 갈색이 나도록 미디엄(Medium)으로 굽는다.

❽ 접시에 더운 채소(Hot Vegetable)와 스테이크(Steak)를 담고 양파링 튀김을 올린다.

❾ 준비한 양송이 소스(Mushroom Sauce)를 스테이크(Steak) 위에 뿌려 완성한다.

Method
만드는 방법

양송이 소스 (Mushroom Sauce)

데미 글라스(Demi Glace) 100mL, 양송이버섯(Mushroom) 50g, 양파(Onion) 30g, 마늘(Garlic) 50g, 버터(Butter) 20g, 생크림(Fresh Cream) 20mL, 소금, 후추(Salt, Pepper) Pinch

만드는 방법

1. 양파와 마늘은 다지고(Chopped) 양송이버섯은 슬라이스(Slice)한다.
2. 가열된 팬에 버터를 넣고 **1**의 재료를 볶아 데미 글라스(Demi Glace)에 넣는다.
3. **2**의 소스에 생크림을 넣어 농도를 조절하고 소금, 후추로 양념한다.

파르망티에 포테이토 (Parmentier Potatoes)

1. 감자를 가로, 세로 1.2cm 크기의 주사위 모양으로 잘라 소금물에 삶아 식힌다.
2. 가열된 팬에 버터를 넣고 감자가 갈색(Golden Brown)이 나도록 소테(Sauté)한 후 소금, 후추로 양념하고 파슬리 찹(Parsley Chop)을 뿌려 완성한다.

Stuffed Pork Tenderloin of Dried Prunes and Berny Potatoes with Apple Gravy Sauce

서양 자두를 속박이한 돼지 안심과 베르니 포테이토, 사과 그레이비 소스

재 료 Ingredients

돼지 안심(Pork Tenderloin)	140g	브로콜리(Broccoli)	20g	건자두(Dried Prune)	6ea
애호박(Squash)	30g	감자(Potato)	100g	달걀(Egg)	1ea
새송이버섯(King Oyster Mushroom)	20g	노란 파프리카(Yellow Paprika)	20g	생크림(Fresh Cream)	30mL
붉은 파프리카(Red Paprika)	20g	아몬드 슬라이스(Almond Slice)	50g	올리브오일(Olive Oil)	50mL
아스파라거스(Asparagus)	20g	타라곤(Tarragon)	10g	소금(Salt)	Pinch
버터(Butter)	30g	타임(Thyme)	10g	후추(Pepper)	Pinch
빵가루(Bread Crumb)	30g	방울토마토(Cherry Tomato)	1ea		

❶ 양갈비(Lamb Rack)는 지방과 힘줄을 제거하고 다진(Chopped) 타임, 로즈마리, 마늘, 올리브오일, 소금, 후추로 마리네이드(Marinade)한다.

❷ 가열된 팬에 양갈비(Lamb Rack)를 노릇하게 색깔을 내어 굽는다.

❸ 다진(Chopped) 타임, 로즈마리, 마늘, 정제 버터, 빵가루, 소금을 섞어 허브 크러스트(Herb Crust)를 만든다.

❹ ❷의 양갈비(Lamb Rack)에 디종 머스터드(Dijon Mustard)를 바르고, 허브 크러스트(Herb Crust)를 발라 175℃의 오븐에 미디엄(Midium)으로 굽는다.

❺ 감자는 메쉬 포테이토(Mashed Potato)를 만들고 채소는 쥴리엔느(Julienne)로 썰어 올리브오일에 소테(Sauté)한다.

❻ 접시에 양갈비(Lamb Rack)와 메쉬 포테이토(Mashed Potato), 더운 채소(Hot Vegetable)를 곁들여 완성한다.

Method
만드는 방법

메쉬 포테이토 (Mashed Potato)

감자(Potato) 100g, 생크림(Fresh Cream) 80mL, 넛맥 파우더(Nutmeg Powder) 3g,
올리브오일(Olive Oil) 50mL, 소금, 후추(Salt, Pepper) Pinch

만드는 방법

1. 감자는 껍질을 벗기고 깨끗이 씻어 소금물에 완전히 무르게 삶는다.
2. 생크림은 졸여 넛맥 파우더(Nutmeg Powder)를 넣는다.
3. 감자는 체에 내려 약한 불에서 저어주며 수분을 제거한다.
4. **2**와 올리브오일을 넣고 농도를 맞춘 뒤 소금, 후추로 양념한다.

Lamb Chop with Mild Garlic and Crushed Herb Bread Crumbs and Mashed Potatoes with Pommery Mustard Sauce

허브 크러스트를 입힌 양갈비와 메쉬 포테이토, 포메리 머스터드 소스

재 료 Ingredients

양갈비(Rib of Lamb)	180g	포메리 머스터드(Pommery Mustard)	10g	방울토마토(Cherry Tomato)	1ea
붉은 파프리카(Red Paprika)	20g	버터(Butter)	50g	올리브오일(Olive Oil)	50mL
노란 파프리카(Yellow Paprika)	20g	아스파라거스(Asparagus)	20g	소금(Salt)	Pinch
애호박(Squash)	20g	파슬리(Parsley)	10g	후추(Pepper)	Pinch
마늘(Garlic)	30g	로즈마리(Rosemary)	10g		
빵가루(Bread Crumb)	100g	타임(Thyme)	10g		

❶ 양갈비(Lamb Chop)는 지방과 힘줄을 제거하고 다진(Chopped) 타임, 로즈마리, 마늘, 올리브오일, 소금, 후추로 마리네이드(Marinade)한다.

❷ 가열된 팬에 양갈비(Lamb Chop)를 노릇하게 색깔 내어 굽는다.

Method
만드는 방법

❸ 다진(Chopped) 타임, 로즈마리, 마늘, 정제 버터, 빵가루, 소금을 섞어 허브 크러스트(Herb Crust)를 만든다.

❹ ❷의 양갈비(Lamb Chop)에 포메리 머스터드(Pommery Mustard)를 바르고, 허브 크러스트 (Herb Crust)를 발라 175℃의 오븐에 미디엄(Midium)으로 굽는다.

❺ 감자는 메쉬 포테이토(Mashed Potato)를 만든다.

❻ 방울토마토는 살짝 데친 후 오븐 드라이(Oven Dry: 소금, 설탕, 타임, 올리브오일로 양념)한다.

❼ 파프리카는 소테(Sauté)하고 단호박은 손질해서 버터 채소 육수(Butter Vegetable Stock)에 삶는다.

❽ 아스파라거스는 손질(Trimming)하여 데친 후 버터에 소테(Sauté)한다.

❾ 접시에 양갈비(Lamb Chop)와 메쉬 포테이토(Mashed Potato), 더운 채소(Hot Vegetable)를 곁들이고 포메리 머스터드 소스(Pommery Mustard Sauce)를 뿌려 완성한다.

포메리 머스터드 소스 (Pommery Mustard Sauce)

데미 글라스(Demi Glace) 100mL, 포메리 머스터드(Pommery Mustard) 30g, 생크림(Fresh Cream) 40mL

만드는 방법
1. 팬에 데미 글라스(Demi Glace)를 넣고 끓으면 포메리 머스터드(Pommery Mustard)를 넣고 잘 풀어 준다.
2. 소스가 끓으면 생크림(Fresh Cream)으로 농도와 색상을 맞추어 완성한다.

메쉬 포테이토 (Mashed Potatoes)

감자(Potato) 100g, 생크림(Fresh Cream) 80mL, 넛맥 파우더(Nutmeg Powder) 3g, 올리브오일(Olive Oil) 50mL, 소금, 후추(Salt, Pepper) Pinch

만드는 방법
1. 감자는 껍질을 벗기고 깨끗이 씻어 소금물에 완전히 무르게 삶는다.
2. 생크림은 졸여 넛맥 파우더(Nutmeg Powder)를 넣는다.
3. 감자는 체에 내려 약한 불에서 저어주며 수분을 제거하고 **2**와 올리브오일을 넣고 농도를 맞추고 소금, 후추로 양념한다.

Beef Tenderloin and Anna Potatoes with Bordelaise Sauce

쇠고기 안심 스테이크와 안나 포테이토, 보르드레즈 소스

재 료 Ingredients

쇠고기 안심(Beef Tenderloin)	140g	마늘(Garlic)	50g	올리브오일(Olive Oil)	50mL
표고버섯(Shiitake Mushroom)	20g	버터(Butter)	50g	소금(Salt)	Pinch
백만송이버섯(Mushroom)	20g	타임(Thyme)	10g	후추(Pepper)	Pinch
아스파라거스(Asparagus)	20g	방울토마토(Cherry Tomato)	1ea		
감자(Potato)	100g	생크림(Fresh Cream)	50mL		

❶ 쇠고기 안심(Beef Tenderloin)은 지방과 힘줄을 제거하고 소창과 미트 해머(Meat Hammer)를 이용하여 일정 두께의 스테이크(Steak) 모양을 만들고 소금, 후추로 양념한다.

❷ 가열된 팬에 쇠고기 안심(Beef Tenderloin)을 색을 낸 후 180℃ 오븐에 미디엄(Medium)으로 굽는다.

❸ 방울토마토는 살짝 데친 후 오븐 드라이(Oven Dry: 소금, 설탕, 타임, 올리브오일로 양념)한다.

❹ 백만송이버섯과 표고버섯은 팬에 살짝 소테(Sauté)한다.

❺ 접시에 안나 포테이토(Anna Potato)와 쇠고기 안심(Beef Tenderloin)을 담고 더운 채소(Hot Vegetable)를 곁들인다.

❻ 보르드레즈 소스(Bordelaise Sauce)를 알맞게 뿌려 완성한다.

보르드레즈 소스 (Bordelaise Sauce)

데미 글라스(Demi glace) 100mL, 적포도주(Red Wine) 30mL, 다진 양파(Onion Chopped) 20g, 마늘(Garlic) 10g, 타임(Thyme) 5g, 월계수 잎(Bay Leaf) 5g, 파슬리(Parsley) 5g, 버터(Butter) 50g, 올리브오일(Olive Oil) 50mL, 소금, 후추(Salt, Pepper) Pinch

만드는 방법

1. 팬에 버터를 넣고 다진 양파(Onion Chopped), 마늘을 볶다(Sauté)가 적포도주를 넣고 1/2 가량 졸인다.
2. 졸인 와인에 데미 글라스(Demi Glace)와 허브를 넣고 은근히 끓여 준다.
3. 체에 걸러 소금, 후추로 양념하고 버터 몬테(Monte au Beurre)하여 완성한다.

※ 보르드레즈 소스는 프랑스 북부 도시지명인 보르도지방(Bordeaux)의 대표적인 레드와인 소스로 가능하면 보르도 산 와인으로 소스를 만드는 것이 이상적이다.

안나 포테이토 (Anna Potato)

1. 감자는 껍질을 벗겨 깨끗이 씻고 지름 약 2.5cm~3cm 정도의 원통형으로 다듬어 약 0.3cm 두께로 슬라이스(Slice)하여 삶아낸 후 팬에서 색깔 내어 익힌다.
2. 소금, 후추로 양념하여 원형으로 층층이 돌려가며 쌓아 완성한다.

Beef Tenderloin and Potatoes Stick with Lyonnaise Sauce

쇠고기 안심 스테이크와 포테이토 스틱, 리요네즈 소스

재 료 Ingredients

쇠고기 안심(Beef Tenderloin)	140g	감자(Potato)	100g	생크림(Fresh Cream)	50mL
애호박(Squash)	50g	마늘(Garlic)	50g	올리브오일(Olive Oil)	50mL
당근(Carrot)	50g	설탕(Sugar)	20g	소금(Salt)	Pinch
양파(Onion)	100g	버터(Butter)	50g	후추(Pepper)	Pinch

160

❶ 쇠고기 안심(Beef Tenderloin)은 지방과 힘줄을 제거하고 소창과 미트 해머(Meat Hammer)를 이용하여 일정한 두께의 스테이크(Steak) 모양을 만들고 소금, 후추로 양념한다.

Method
만드는 방법

❷ 가열된 팬에 쇠고기 안심(Beef Tenderloin)을 색을 낸 후 180℃ 오븐에 미디엄(Medium)으로 굽는다.

❸ 가열된 팬에 호박을 살짝 소테(Sauté)한다.

❹ 당근은 접시 모양으로 다듬어 글레이징(Glazing)한다.

❺ 감자는 길이 4cm, 가로×세로 0.5cm 크기로 잘라 소금물에 삶아 식혀 팬에서 노릇하게 익힌다.

❻ 접시에 쇠고기 안심(Beef Tenderloin)을 담고 주위에 더운 채소(Hot Vegetable)를 곁들인다.

❼ 리요네즈 소스(Lyonnaise Sauce)를 스테이크 위에 뿌려 완성한다.

리요네즈 소스 (Lyonnaise Sauce)

양파(Onion) 50g, 마늘(Garlic) 10g, 백포도주(White Wine) 50mL, 식초(Vinegar) 20mL, 데미 글라스(Demi Glace) 100mL, 타임(Thyme) 5g, 월계수 잎(Bay Leaf) 5g, 버터(Butter) 20g, 소금, 후추(Salt, Pepper) Pinch

만드는 방법

1. 팬에 버터를 녹인 후 양파 슬라이스(Slice), 다진(Chopped) 마늘을 넣고 갈색이 나도록 볶는다.
2. 1에 백포도주(White Wine)와 식초(Vinegar)를 넣고 1/2 정도 졸인다.
3. 2에 데미 글라스(Demi Glace)와 향신료를 넣고 끓인 후 농도를 맞추어 소금, 후추로 양념한다.

※ 리요네즈 소스(Lyonnaise Sauce)는 리옹식의 소스로, 리옹은 프랑스 남부에 있는 프랑스 제3의 도시로 식도락 천국이라고 불린다. 또한 리옹은 양파가 많이 재배되는 지역으로 리요네즈(Lyonnaise)라고 명칭이 붙은 요리에는 양파가 들어가는 것이 많다.

Oven Baked
Garlic Crushed Beef Tenderloin Steak
and Anna Potatoes with Red Wine Sauce

마늘 크러스트를 올린 쇠고기 안심과 안나 포테이토, 레드와인 소스

재 료 Ingredients

쇠고기 안심(Beef Tenderloin)	140g	백만송이버섯(Mushroom)	20g	올리브오일(Olive Oil)	50mL
가지(Egg plant)	20g	브로콜리(Broccoli)	20g	소금(Salt)	Pinch
감자(Potato)	100g	버터(Butter)	50g	후추(Pepper)	Pinch
마늘(Garlic)	50g	방울토마토(Cherry Tomato)	1ea		
애호박(Squash)	20g	생크림(Fresh Cream)	50mL		

162

❶ 쇠고기 안심(Beef Tenderloin)은 소창과 미트 해머(Meat Hammer)를 이용하여 일정 두께의 스테이크(Steak) 모양을 만들고 소금, 후추로 양념하여 준비한다.

Method
만드는 방법

❷ 마늘은 물과 크림을 넣고 무르게 삶아 체에 내린다.

❸ 호박과 가지는 속심을 제거하여 모양 있게 썰어 말린 후 팬에 볶는다.

❹ 방울토마토는 살짝 데친 후 오븐 드라이(Oven Dry: 소금, 설탕, 타임, 올리브오일로 양념)한다.

❺ 백만송이버섯은 팬에 살짝 소테(Sauté)한다.

❻ 브로콜리는 잘 손질(Trimming)하여 데친 후 버터에 소테(Sauté)한다.

❼ ❶의 스테이크(Steak)를 팬에 갈색이 나도록 구워 오븐에 미디엄(Medium)으로 굽는다.

❽ 접시에 안나 포테이토(Anna Potato)와 더운 채소(Hot Vegetable)를 모양 있게 담고 스테이크 (Steak)를 중앙에 올린 후 마늘 크러스트(Garlic Crusted)와 마늘 칩(Garlic Chip)으로 장식한다.

❾ 준비한 레드와인 소스(Red Wine Sauce)를 알맞게 뿌려 완성한다.

레드와인 소스 (Red Wine Sauce)

다진 양파(Onion Chopped) 30g, 통후추(Pepper Corn) 2g, 월계수 잎(Bay Leaf) 5g, 타임(Thyme) 5g, 버터(Butter) 20g, 적포도주(Red Wine) 50mL, 데미 글라스(Demi Glace) 100mL, 올리브오일(Olive Oil) 50mL, 소금, 후추(Salt, Pepper) Pinch

만드는 방법
1. 팬에 버터를 녹인 후 다진 양파(Onion Chopped)를 넣고 갈색이 나도록 볶아준다.
2. 적포도주, 월계수 잎을 넣고 1/2 정도 졸여준 후 데미 글라스(Demi Glace)를 넣고 끓여 준다.
3. 소금, 후추로 양념하고 농도를 맞추어 체에 거른다.
*주의점: 알코올이 다 날아가도록 와인을 1/2 정도 졸여준다.

안나 포테이토 (Anna Potatoes)

1. 감자는 껍질을 벗겨 깨끗이 씻고 지름 약 2.5cm~3cm 정도의 원통형으로 다듬어 약 0.3cm 두께로 슬라이스(Slice)하여 삶아낸 후 팬에서 색깔을 내어 익힌다.
2. 소금, 후추로 양념하여 원형으로 층층이 돌려가며 쌓아 완성한다.

Beef Tenderloin Steak and Polenta Cake with Foyot Sauce
쇠고기 안심 스테이크와 폴렌타 케이크, 포요트 소스

재 료 Ingredients

쇠고기 안심(Beef Tenderloin)	140g	버터(Butter)	50g	올리브오일(Olive Oil)	50mL
백만송이버섯(Mushroom)	20g	단호박(Sweet Pumpkin)	40g	소금(Salt)	Pinch
브로콜리(Broccoli)	20g	타임(Thyme)	10g	후추(Pepper)	Pinch
새송이버섯(king Oyster Mushroom)	20g	방울토마토(Cherry Tomato)	1ea		

❶ 쇠고기 안심(Beef Tenderloin)은 지방과 힘줄을 제거하고 소창과 미트 해머(Meat Hammer)를 이용하여 일정 두께의 스테이크(Steak) 모양을 만들고 소금, 후추로 양념한다.

❷ 가열된 팬에 스테이크(Steak)를 갈색빛이 나도록 색을 낸 후 오븐에 미디엄(Medium)으로 굽는다.

❸ 방울토마토는 살짝 데친 후 오븐 드라이(Oven Dry: 소금, 설탕, 타임, 올리브오일로 양념)한다.

❹ 백만송이버섯은 올리브오일에 살짝 소테(Sauté)하고, 브로콜리는 잘 손질(Trimming)하여 데친 후 버터에 소테(Sauté)한다.

❺ 단호박은 모양내 다듬어 버터물에 삶는다.

❻ 접시에 더운 채소(Hot Vegetable)를 곁들이고, 쇠고기 안심(Beef Tenderloin)에 소스를 뿌리고 튀일(Tuile)로 장식한다.

Method
만드는 방법

포요트 소스 (Foyot Sauce)

베어네이즈 소스(Béarnaise Sauce) 100mL, 데미 글라스(Demi Glace) 10mL

만드는 방법
베어네이즈 소스(Béarnaise Sauce)에 데미 글라스(Demi Glace)를 첨가하여 만든다.

베어네이즈 소스 (Béarnaise Sauce)

양파(Onion) 20g, 타라곤(Tarragon) 10g, 파슬리 줄기(Parsley Stem) 5g, 월계수 잎(Bay Leaf) 5g, 식초(Vinegar) 15mL, 달걀노른자(Egg Yolk) 1ea, 통후추(Pepper Corn) 3g, 백포도주(White Wine) 20mL, 레몬주스(Lemon Juice) 10mL, 정제 버터(Clarified Butter) 300mL, 소금, 후추(Salt, Pepper) Pinch

만드는 방법
1. 냄비에 양파, 타라곤 줄기, 파슬리 줄기, 월계수 잎, 통후추, 식초, 백포도주를 넣고 졸인 후 체에 내려 식힌다.
2. 중탕에서 스테인리스 볼(Stainless Bowl)에 달걀노른자와 1의 향신료 스톡(Herb Stock)을 섞어 거품기로 잘 저어준다.
3. 정제 버터를 천천히 넣어주면서 혼합시켜 크림 상태로 만들어 준다.
4. 다진 타라곤과 레몬주스, 소금, 후추로 양념한다.

폴렌타 케이크 (Polenta Cake)

폴렌타(Polenta) 20g, 우유(Milk) 150mL, 양파(Onion) 20g, 버터(Butter) 30g, 올리브오일(Olive Oil) 50mL, 소금, 후추(Salt, Pepper) Pinch

만드는 방법
1. 냄비에 버터, 올리브오일을 넣고 양파를 타지 않게 볶는다.
2. 우유를 넣고 바로 폴렌타(Polenta)를 넣어 주걱으로 눌러 붙지 않게 잘 저어주며 끓인다(온도에 유의).
3. 폴렌타 입자가 퍼지면 소금, 후추로 양념한다.
4. 비닐 위에 사각 몰드(Mould)를 놓고 완성된 폴렌타를 부어 평평하게 모양을 잡아 냉장고에서 굳힌다.
5. 굳은 폴렌타는 가열된 팬에 버터를 두르고 노릇하게 색깔을 내어 굽는다.

튀일 (Tuile)

밀가루(Flour) : 올리브오일(Olive Oil) : 물(Water) = 1 : 7 : 7의 비율로 반죽해서 팬에서 만든다. 물 대신 즙을 사용하여 다양한 색상과 모양으로 튀일(Tuile)을 만들 수 있다.

Beef Tenderloin Steak with Duxelles and Potato Nest with Béarnaise Sauce

쇠고기 안심 스테이크와 뒥셀, 포테이토 네스트, 베어네이즈 소스

재　료 Ingredients

쇠고기 안심(Beef Tenderloin)	140g	오렌지 파프리카(Orange Paprika)	20g	타라곤(Tarragon)	10g
붉은 파프리카(Red Paprika)	20g	양파(Onion)	50g	타임(Thyme)	10g
가지(Egg plant)	20g	감자(Potato)	100g	방울토마토(Cherry Tomato)	1ea
양송이버섯(Mushroom)	100g	버터(Butter)	50g	올리브오일(Olive Oil)	50mL
마늘(Garlic)	50g	설탕(Sugar)	10g	소금(Salt)	Pinch
브로콜리(Broccoli)	20g	백만송이버섯(Mushroom)	20g	후추(Pepper)	Pinch

❶ 쇠고기 안심(Beef Tenderloin)은 지방과 힘줄을 제거하고 소창과 미트 해머(Meat Hammer)를 이용하여 일정 두께의 스테이크(Steak) 모양을 만들고 소금, 후추로 양념한다.

❷ 가열된 팬에 쇠고기 안심(Beef Tenderloin)을 색을 낸 후 180℃ 오븐에 미디엄(Medium)으로 굽는다.

❸ 브로콜리는 잘 손질(Trimming)하여 데친 후 버터에 소테(Sauté)한다.

❹ 토마토는 데친 후 껍질과 씨를 제거하고 오븐 드라이(Oven Dry: 소금, 설탕, 타임, 올리브오일 양념)한다.

❺ 파프리카는 태워 껍질을 제거하고 올리브오일에 살짝 소테(Sauté)한다.

❻ 가지는 올리브오일에 소테(Sauté)하다 설탕과 소금, 후추로 양념한다.

❼ 감자는 채소 커터기(Vegetable Cutter)로 잘라 새의 둥지 모양으로 튀긴다.

❽ 가열된 팬에 버터를 넣고 다진 양파(Onion Chopped), 마늘, 양송이버섯을 수분이 없도록 볶아 뒥셀(Duxelles)을 만들어 스테이크 위에 올린다.

❾ 접시에 ❼의 감자를 담고 스테이크를 올려 주위에 더운 채소(Hot Vegetable)를 곁들인다.

❿ 준비한 베어네이즈 소스(Béarnaise Sauce)를 뿌려 완성한다.

베어네이즈 소스 (Béarnaise Sauce)

양파(Onion) 20g, 타라곤(Tarragon) 5g, 파슬리 줄기(Parsley Stem) 5g, 월계수 잎(Bay Leaf) 5g, 식초(Vinegar) 15mL, 달걀노른자(Egg Yolk) 1ea, 통후추(Pepper Corn) 3g, 백포도주(White Wine) 10mL, 레몬주스(Lemon Juice) 10mL, 정제 버터(Clarified Butter) 300mL, 소금, 후추(Salt, Pepper) Pinch

만드는 방법

1. 냄비에 양파, 타라곤 줄기, 파슬리 줄기, 월계수 잎, 통후추, 식초, 백포도주를 넣고 졸인 후 체에 내려 식힌다.
2. 중탕에서 스테인리스 볼(Stainless Bowl)에 달걀노른자와 1의 향신료 스톡(Herb Stock)을 섞어 거품기로 잘 저어준다(달걀노른자가 익지 않도록 주의한다).
3. 정제 버터를 천천히 넣어주면서 혼합시켜 크림 상태로 만든다.
4. 다진 타라곤과 레몬주스, 소금, 후추로 양념한다.

Pan Fried Beef Tenderloin in Italian Tomato Sauce

안심 스테이크와 이탈리안 토마토 소스

재 료 Ingredients

쇠고기 안심(Beef Tenderloin)	140g	오렌지 파프리카(Orange Paprika)	20g	버터(Butter)	50g
브로콜리(Broccoli)	20g	양파(Onion)	50g	올리브오일(Olive Oil)	50mL
애호박(Squash)	30g	마늘(Garlic)	50g	소금(Salt)	Pinch
붉은 파프리카(Red Paprika)	30g	타임(Thyme)	10g	후추(Pepper)	Pinch
노란 파프리카(Yellow Paprika)	30g				

❶ 쇠고기 안심(Beef Tenderloin)은 지방과 힘줄을 제거하고 소창과 미트 해머(Meat Hammer)를 이용하여 일정 두께의 스테이크(Steak) 모양을 만들고 소금, 후추로 양념한다.

❷ 가열된 팬에 쇠고기 안심(Beef Tenderloin)을 색을 낸 후 180℃ 오븐에 미디엄(Medium)으로 굽는다.

❸ 브로콜리는 잘 손질(Trimming)하여 데친 후 버터에 소테(Sauté)한다.

❹ 파프리카, 양파, 호박은 페이잔느(Paysanne)로 썰어 소테(Sauté)한다.

❺ 접시 중앙에 스테이크를 담고 주위에 더운 채소(Hot Vegetable)를 곁들인다.

❻ 준비한 이탈리안 토마토 소스를 뿌리고, 파프리카 스틱으로 장식한다.

Method
만드는 방법

이탈리안 토마토 소스 (Italian Tomato Sauce)

토마토 페이스트(Tomato Paste) 50g, 베이컨(Bacon) 20g, 닭 육수(Chicken Stock) 100mL,
마늘(Garlic) 30g, 다진 양파(Onion Chopped) 50g, 당근(Carrot) 30g, 밀가루(Flour) 20g,
설탕(Sugar) 10g, 수경 토마토(Tomato) 150g, 버터(Butter) 20g, 올리브오일(Olive Oil) 50mL,
월계수 잎(Bay Leaf) 5g, 소금, 후추(Salt, Pepper) Pinch

만드는 방법

1. 냄비에 버터를 녹이고 다진 양파(Onion Chopped), 당근, 마늘과 베이컨을 넣어 볶는다.
2. 밀가루를 넣고 브론드 루(Blond Roux)를 만든 다음 토마토 페이스트(Tomato Paste)를 넣고 잘 볶아준다.
3. 닭 육수(Chicken Stock)를 넣어 잘 풀어주고 다진 토마토와 월계수 잎(Bay leaf)을 넣고 30분 정도 끓여준다.
4. 소금, 후추, 설탕으로 양념하고 고운체에 걸러 토마토 콩카세(Concassé)를 넣는다.

Beef Tenderloin with Foie Gras and Crisp Garlic with Port Wine Reduction

쇠고기 안심 스테이크와 거위간, 마늘 크리스피, 포트와인 소스

재 료 Ingredients

쇠고기 안심(Beef Tenderloin)	140g	새송이버섯(king Oyster Mushroom)	20g	버터(Butter)	50g
백만송이버섯(Mushroom)	20g	단호박(Sweet Pumpkin)	30g	올리브오일(Olive Oil)	50mL
붉은 파프리카(Red Paprika)	20g	아스파라거스(Asparagus)	20g	으깬 후추(Pepper Corn Crushed)	Pinch
밀가루(Flour)	20g	가지(Egg plant)	20g	소금(Salt)	Pinch
마늘(Garlic)	20g	거위간(Foie Gras)	30g	후추(Pepper)	Pinch

❶ 쇠고기 안심(Beef Tenderloin)은 지방과 힘줄을 제거하고 소창과 미트 해머(Meat Hammer)를 이용하여 일정 두께의 스테이크(Steak) 모양을 만들고 소금, 후추로 양념한다.

❷ 가열된 팬에 스테이크(Steak)를 갈색이 나도록 구운 후 180℃ 오븐에 미디엄(Medium)으로 굽는다.

❸ 거위간(Foie Gras)은 힘줄을 제거하고 소금, 후추로 양념해 밀가루를 묻혀 예열된 팬에 구워준다[거위간(Foie Gras)은 기름이 많으므로 예열된 팬에 그냥 굽는다].

❹ 파프리카, 새송이버섯, 백만송이버섯은 올리브오일에 살짝 소테(Sauté)하고, 아스파라거스(Asparagus)는 데친 후 버터에 소테(Sauté)한다.

❺ 단호박은 모양을 내고 다듬어 버터물에 삶는다.

❻ 마늘은 얇게 채 썰어 밀가루를 살짝 뿌려서 기름에 바삭하게 튀긴다.

❼ 접시에 더운 채소(Hot Vegetable)와 쇠고기 안심(Beef Tenderloin)을 담고 소스를 뿌려 완성한다.

포트와인 소스 (Port Wine Sauce)

데미 글라스(Demi Glace) 100mL, 포트와인(Port Wine) 80mL, 다진 양파(Onion Chopped) 20g, 마늘(Garlic) 20g, 타임(Thyme) 5g, 버터(Butter) 50g, 소금, 후추(Salt, Pepper) Pinch

만드는 방법

1. 팬에 다진 양파(Onion Chopped)와 마늘을 볶다가 타임과 포트와인을 넣고 졸인다.
2. 데미 글라스(Demi Glace)를 넣고 소금, 후추로 양념해서 농도를 맞추어 체에 거른다.

Chapter 4

WESTERN CUISINE

양식조리 기능사 조리용어 사 전

A

- **Ade** : 음료에 주로 사용되는 말로 원재료의 맛을 내었다는 의미다.

- **Aging** : 육류의 숙성 과정을 뜻하는 용어로 고기의 결체 조직에 효소가 작용함으로써 육질이 연해지게 하는 방법을 말한다.

- **Agnolotti** : 이탈리어로 '성자의 모자'라는 의미로 작은 초승달 모양의 속을 채운 파스타이다.

- **Aioli** : 마늘과 레몬즙에 올리브오일을 첨가하여 만든 일종의 마요네즈를 말한다. 전채요리, 샐러드 등과 생선요리에 곁들인다.

- **A la~** : 프랑스 숙어로 '~의 방법으로'라는 뜻이다. 또한 '~풍의', '~식을 곁들이다'라는 의미도 된다. 완전한 문구는 a la mode de이다.

- **A la king** : 양파, 피망, 양송이버섯을 넣고 크림소스를 첨가하여 조리한 요리로 육류나 가금류 등의 요리를 만드는 것이다.

- **A La Carte** : 일품요리라고 하며, 본인이 좋아하는 메뉴만 선택하여 주문하는 메뉴 차림표이다.

- **Albert sauce** : 버터, 밀가루, 크림, 양고추냉이 등을 넣어 만든 화이트소스로 고기에 곁들여지는 소스이다.

- **Al dente** : 파스타를 삶을 때 약간 덜 익게 삶는 것을 말한다.

- **A La mode** : 어떤 모양의 형태로 각종 pie류에 아이스크림을 곁들여 내는 것이다.

- **Albumen** : 달걀흰자의 주요 단백질 성분

- **Allemande sauce** : 달걀노른자로 점도를 준 벨루테 소스이다.

- **Amandine** : 아몬드를 첨가하여 조리하거나 아몬드로 가니쉬한 것이다.

- **Amouse Bouche** : 한입에 먹을 수 있도록 작고 이쁘고, 앙증맞게 장식하여 제공되며, 식욕 촉진제의 일종이다.

- **Anchovy** : 멸치와 비슷한 물고기로서 통조림으로 만들어 소스나 장식으로 사용한다.

- **Andalouse** : 스페인 스타일의 마요네즈 혼합물, 토마토 퓌레와 고추, 피멘토를 다져서 마요네즈에 섞어 넣은 것이다.

- **Angus beef** : 영국 스코틀랜드 원산의 쇠고기

- **Antipasto** : 이 요리는 해산물을 이용한 해물 절임, 다진 고기를 소스와 함께 버무린 육회, 햄, 살라미를 주재로 한 요리들이 많다. 또 식당 안에 비치된 진열장에 가지런히 놓아 고객이 기호에 맞게 직접 선택할 수 있도록 해 놓은 곳이 많다.

- **Aperitif** : 식전주(食前酒)로 식욕을 증진시키기 위하여 마시는 약한 알코올성 음료를 지칭하는 말이다.

- **Appetizer** : 식사를 촉진시키기 위해 식사의 맨 처음에 먹는 요리나 음료를 말한다. 유사어로는 오르되브르가 있다. 오르되브로는 손가락으로 집어먹을 수 있는 음식만을 지칭하는 반면 애피타이저는 식탁에서 첫 번째로 제공되는 음식이다.

- **Aromates** : 조리할 때 향신료를 넣어 향기가 나게 만든다는 뜻이다.

- **Arugula** : rocket, roquette, rugula, rucola라고도 불린다. 매운 겨자 맛이 나는 향

미로운 채소로 매운맛을 지니고 있다.

- **Aspic** : 대개 투명한 풍미를 지닌 육수, 생선육수, 채소스톡, 젤라틴을 이용하여 만든다. 아스픽은 형태를 형성하는 요리나 생선, 가금류, 고기 그리고 닭요리의 찬요리에 글레이즈로 이용한다. 육즙을 젤리와 같이 투명하게 만든 것으로서 카나페, 오드블, 디저트 등에 사용한다.

- **Au jus** : 아무것도 가미하지 않은 자연적인 고기의 천연즙이다. 고기가 자체의 육즙과 함께 제공되는 방법을 프랑스어로 표현한 것으로 주로 쇠고기에 이용된다.

- **Au lait** : 프랑스어로 '우유와 함께'를 의미하는데 음식이나 음료가 우유와 함께 제공되거나 준비되는 것을 의미한다.

- **Arroser** : 주재료의 표면이 마르지 않게 바르거나 끼얹어 주는 것으로 굽거나 볶을 때 나오는 육즙을 이용한다.

- **Aspic** : 생선이나 육류를 오래 끓여 얻는 젤 또는 젤라틴을 녹인 것으로 오드볼, 카나페, 디저트에 바르거나 첨가하여 광택을 내며 마르지 않게 한다.

- **Assaisonner** : 소금, 후추, 향신료를 넣어 요리의 맛과 풍미를 더해 주는 것

- **Assisonnement** : 요리에 소금, 후추를 넣는 것을 말한다.

B

- **Bacon** : 베이컨. 돼지 옆구리 살을 말리거나 소금에 절여 보존처리한 다음 훈연한 것. 지방으로 인해 달콤한 맛이 나고 연하게 바삭거린다.

- **Bain Marrie** : 끓는 물에 조리된 음식을 넣어 뜨겁게 데우는 중탕기이다.

- **Baking** : 오븐에서 건조열의 대류현상을 이용하여 굽는 방법으로 제과주방에서 그릴 시펜이나 틀을 이용하여 빵, 쿠키 등을 만들 때 사용한다.

- **Baking Powder** : 산성 물질과 알칼리성 물질을 1:1로 섞어서 만든 화학적 팽창제로, 액체에 닿게 되면 이산화탄소 가스를 생성하며 이 이산화탄소에 의해 반죽이 부풀게 된다. 이것은 체와 닿았을 때와 가열되었을 때 각각 한 번씩 두 번 팽창 작용을 일으킨다.

- **Barbecue** : 소, 돼지 등의 고기를 통째로 직화해 소스를 발라 가면서 굽는 것을 말한다.

- **Bard** : 생선이나 가금류, 엽조류를 오븐에 구울 때 표면이 마르거나 타는 것을 방지하고 풍미를 좋게 하기 위해 돼지비계나 베이컨을 얇게 썰어 표면을 감싸는 것을 말한다.

- **Basting** : 음식이 건조되는 것을 막고 풍미를 증가시키기 위해 이용된다. 식재료를 익힐 때 나온 육즙이나 버터나 기름, 국물 등을 끼얹는 방법이다.

- **Batch Cooking** : 음식을 제공해야 하는 시간 동안 음식의 총 필요량을 적당한 분량으로 몇 번에 나누어 조리함으로써 항상 신선한 음식을 제공할 수 있도록 하는 방법이다.

- **Batter** : 밀가루, 설탕, 우유, 달걀 등 기타 재료를 혼합하여 글루텐이 형성되지 않도록 만든 반죽이다.

- **Battre** : 달걀흰자를 거품기로 쳐서 올린다.

- **Béarnaise** : Hollandaise Sauce에 타라곤

과 레몬주스로 맛을 낸 네덜란드 소스이다.

- **Beat** : 공기가 들어가지 않도록 반죽하는 것을 말하며 스푼이나 교반기, 믹서기를 이용하여 치대는 것이다.

- **Bechamel** : 소스의 기본이 되는 화이트소스로 우유, 스톡, 크림이 주재료이다. 우유를 섞는 양에 따라 농도가 달라진다.

- **Beijing Duck** : 북경오리 구이

- **Beurre** : 버터의 프랑스식 용어

- **Beurre Blanc** : 화이트 와인과 육수에 다진 샬롯, 타라곤, 월계수 잎, 파슬리 줄기, 흰 통후추, 생크림 등을 넣어 졸여서 버터를 녹여 주면서 농도를 맞추어 만든 소스를 말한다. 생선소스에 많이 사용된다.

- **Beurre Fondue** : 녹인 버터

- **Beurre Manie** : 버터와 밀가루를 1:1의 비율로 혼합하여 데미글라스 소스와 수프, 소스에 사용하는 농후제를 말한다.

- **Bisque** : 크림 스타일의 소스나 수프로써 주재료를 많이 넣어 만든다.

- **Blanch** : 끓는 물에 잠깐 담갔다가 꺼내는 것을 말하며 과일이나 견과류의 껍질을 벗기는 방법이다.

- **Blanquette** : 화이트 스튜, 대개 송아지고기로 만들지만 때로는 닭고기나 양고기도 만든다. 소스에 리에종을 넣어 걸쭉하게 한 다음 제공한다.

- **Blending** : 두 가지 이상의 재료를 혼합하는 것이다.

- **Blue Cheese** : 치즈에 독특한 맛과 냄새를 주기 위해 곰팡이를 넣어 파랑 또는 녹색의 줄을 만든다. 유명한 종류로는 다나 블루, 고르곤졸라, 스틸턴 등이 있다.

- **Boiling** : 높은 온도의 물(100℃)에서 식품을 끓이거나 삶는 방법이다.

- **Bologna** : 이탈리아 소시지의 하나로 미리 조리되어 공급되며 샌드위치에 넣거나 그냥 잘라먹기도 한다.

- **Bordelaise** : 브라운소스에 포도주, 마늘, 양파 등을 넣어서 만든 소스이다.

- **Bottled in bond** : 위스키 제품 표시를 할 때 사용되는 문구로 100% 프루프. 적어도 4년 이상의 숙성기간을 거친 것으로 정부에서 관리하는 창고에서 판매된다는 표시

- **Bouillabaisse** : 남부프랑스의 해물수프로 신선한 해산물과 샤프란을 넣어 걸쭉하게 끓여준다.

- **Bouillon** : 기름기 없는 육류, 채소 등을 삶아서 만든 수프

- **Bouquet Garni** : 여러 가지 향신료(월계수 잎, 파슬리, 타임, 양파, 클로브, 통후추)를 싸서 실로 묶은 것으로 수프, 스튜, 소스에 향을 내기 위해 사용한다.

- **Braising** : 대체로 육류의 고기나 뼈를 조리할 때 냄비에 채소, 소스, 육즙 등을 조금 넣은 다음 뚜껑을 덮고 천천히 조리하는 방법이다. 육류의 부위 중 질긴 부분을 조리할 때 온도가 높으면 육질이 질겨지므로 낮은 온도에서 오래 익힌다. 천천히 조리되는 과정에서 생성된 육즙은 풍미가 매우 뛰어난 액체를 생산한다. 이 육즙을 이용하여 식재료가 마르지 않도록 자주 뿌려 준다.

- **Brochette** : 고기나 채소를 꼬챙이에 끼워 굽는 것을 말한다.

- **Broiling** : 석쇠구이(Broiling)는 석쇠 위에서 직접 불에 굽는 방법이고 Grilling은 간접적으로 가열된 금속의 표면에 굽는 방법이다.
- **Broth** : 채소나 고기 또는 생선을 끓여 만든 육수의 한 종류이다.
- **Bruschetta** : "석탄에 굽는다"는 뜻의 이탈리아 갈릭 브레드. 마늘과 함께 토스트된 빵에 엑스트라 버진 올리브오일을 문질러 다양한 종류의 내용물을 올려 장식한다.
- **Brunch** : Breakfast와 lunch를 겸하여 먹는 식사이다.
- **Burn** : 설탕을 물에 타서 소스 팬에 끓여 캐러멜처럼 색깔이 나도록 하는 방법이다.

C

- **Caesar salad** : 이탈리아 주방장인 Caesar에 의해 만들어진 샐러드로 로메인 양상추, 마늘, 달걀, 올리브오일, 파마산 치즈, 앤초비를 이용하여 만든다.
- **Cajun** : 프랑스와 미국 남부지방의 영향을 받은 영양이 풍부한 조리방법. 특징적인 재료들은 향신료, 다크 루, 돼지기름, 파일 파우더, 피망, 양파, 셀러리 등이다. 잠발라야 (Jambalaya)가 전통적인 케이준 요리이다.
- **Caldo** : '따뜻한' 또는 '뜨거운'이라는 이탈리아어
- **Cake** : 밀가루에 설탕과 소금, 달걀, 우유, 향신료, 쇼트닝, 팽창제 등을 첨가하여 만든 빵과자를 말한다.
- **Camanbert** : 프랑스 치즈
- **Canape** : 틀을 이용하여 찍은 빵 조각이나 크래커를 기본으로 하여 새우, 햄, 해산물, 치즈, 달걀 등을 얹어서 한입에 넣을 수 있도록 작고 예쁘게 장식하여 오픈 샌드위치 형태로 만든다. 애피타이저(식욕촉진제)의 일종이기도 하며 식전음료에 제공되는 술안주를 말하기도 한다.
- **Canneloni** : 얇고 넓게 만든 파스타에 고기나 생선, 버섯 등을 채워 크림소스와 치즈를 넣어 구워 만드는 파스타 요리이다.
- **Canneler** : 오렌지, 레몬 등과 같은 과일이나 채소의 표면에 칼집을 내어 장식을 하는 것을 말한다.
- **Caper** : 북아프리카나 남부유럽에서 재배되는 식물의 미성숙한 꽃봉오리로 소금과 식초에 절여 고기, 생선요리 등에 곁들여 먹거나 장식용으로 사용한다.
- **Caramel** : 설탕에 물을 넣고 조린 것(물엿처럼 색깔이 진한 것)
- **Casserole** : 그릇과 그 안의 재료들을 함께 굽는 것을 지칭한다. 캐서롤 조리법은 재료를 한 그릇에서 조리하고 서브하기 때문에 그릇은 보통 깊고 둥글고 오븐에 넣어도 되는 용기로 손잡이와 꽉 닫히는 뚜껑이 있다.
- **Cassoulet** : 돼지고기 또는 육류, 가금류 등을 이용하여 소스를 넣어 만든 스튜의 일종
- **Caviar** : 철갑상어알로 소금에 절여서 애피타이저나 카나페 등에 사용한다.
- **Chafing Dish** : 음식을 따뜻하게 유지하거나 식탁 옆에서 음식을 익히거나 뷔페음식에 사용하는 가열 기구(고체 또는 액체연료를 사용하는 것과 전열을 사용하는 것이 있다)가 달려 있는 금속 접시

- **Champagne** : 프랑스의 샹파뉴 지역에서 생산되는 거품이 이는 화이트 와인

- **Champignon** : 양송이버섯

- **Chateaubriand** : 쇠고기 안심부위별 명칭으로 머리 부분의 다음으로 두꺼운 안심 스테이크를 말한다.

- **Cheesecloth** : 스톡이나 수프, 소스를 거를 때 사용하는 무명천

- **Cheddar Cheese** : 우유로 만든 단단한 치즈로 부드러운 맛이 나는 것부터 자극적인 맛을 내는 것까지 여러 가지가 있고 색깔도 흰색부터 오렌지색까지 있다. 치즈만 먹기도 하지만 캐서롤, 소스, 수프 등의 음식에도 사용한다.

- **Chiffonade** : 잎채소 종류를 동그랗게 말아 채 써는 것

- **Chili Powder** : 건조시킨 고춧가루

- **Chili Con Carne** : 콩과 고기를 섞어 만든 요리형태

- **Chili sauce** : 토마토, 칠리, 칠리 파우더, 양파, 그린 페퍼, 식초, 설탕 등을 넣어 만든 소스. 주로 양념으로 사용된다.

- **Chilling** : 얼음이나 냉장고를 이용하여 차게 하는 것

- **China cap** : 원뿔 모양의 스테인리스로 만든 체

- **Convection** : 열이 공기나 물의 순환에 의하여 전달되는 열전달 방식

- **Chop** : 등심 부위를 갈비뼈가 붙어 있게 자른 것

- **Chopping** : 칼이나 챠퍼(Chopper)로 재료를 잘게 써는 것

- **Chorizo** : 마늘과 칠리 파우더 등으로 맛을 낸 돼지고기 소시지로 주로 멕시코나 스페인 등지에서 많이 사용된다.

- **Chowder** : 감자, 양파, 베이컨 등을 넣어 볶아 만든 크림 스타일의 걸쭉한 수프

- **Chutney** : 과일을 졸여 잼 형태로 만든 것

- **Citron** : 레몬보다 껍질이 더 두껍고 레몬만큼은 시지 않은 과일, 껍질은 당 조림하여 제과에 사용한다.

- **Citrus fruits** : 감귤류의 총칭

- **Clarified Butter** : 정제 버터로 순수하게 버터지방만 남아 있는 것

- **Coleslaw** : 양배추를 곱게 썰어 샐러드로 만드는 것

- **Compote** : 과일에 시럽을 넣어 끓여서 익힌 것 또는 과일이나 견과류 등을 쪄서 먹는 것

- **Condiment** : 음식에 곁들여 먹을 수 있는 소스나 양념

- **Confit** : 올리브오일 또는 육류나 가금류에서 나오는 자체 지방을 이용하여 조리하는 방법으로, 낮은 온도의 열을 이용하여 서서히 익히는 조리방법이다.

- **Consomme** : 농축된 육수를 이용하여 만든 맑은 수프의 일종

- **Coq au vin** : 포도주와 채소를 절여 만든 닭고기요리

- **Coulis** : 토마토 쿨리(coulis)와 같이 걸쭉한 퓌레나 소스를 지칭하는 일반적인 용어. 원래 조리된 고기에서 나오는 육즙을 가리키는 말이었으나 걸쭉한 퓌레로 된 수프를 지칭하기도 한다.

- **Creaming** : 버터나 달걀흰자 등을 거품기

나 혼합기를 이용하여 부드러워질 때까지 치대는 방법이다.

- Crepe : 밀가루, 달걀, 우유 등으로 반죽을 만들어 팬에 얇게 구운 것

- Crepe suzette : 리큐어가 들어가고 뜨거운 오렌지 버터 소스를 친 두 번 접은 롤 모양의 얇은 팬케이크

- Crispy : 바삭바삭한 상태

- Croissant : 파삭파삭한 초승달 모양의 페이스트리로 발효된 퍼프 페이스트리로 성형하여 만들어진다.

- Croquette : 주재료에 밀가루와 달걀, 빵가루를 입혀서 기름에 튀긴 것

- Crouton : 식빵을 사방 1~1.5cm 네모로 썰어 팬이나 오븐에 갈색으로 색을 낸 것. 수프, 샐러드와 같은 음식을 장식하는 데 이용된다.

- Crumb : 빵가루

- Crustacean : 딱딱한 껍질을 가진 절지동물의 한 종류, 바닷가재, 게, 새우, 가재 등

- Cuisine : 요리

- Custard : 달걀, 우유, 설탕의 혼합물에 소금과 향료를 적절히 넣어서 찜통에 찌거나 오븐에 익힌 것

D

- Date : 대추야자나무의 두꺼운 송이로 자라는 열매

- Debeard : 홍합의 먹을 수 없는 복슬복슬한 털을 제거하는 일. 이 섬유들은 홍합을 바닥에 부착시키는 역할을 한다.

- Deep Poach : 식품이 완전히 잠길 정도의 액체를 사용하여 약한 불로 서서히 익히는 방법

- Deglaze : 팬에 고기나 생선을 구운 후 스톡이나 와인, 크림을 이용하여 맛을 우려내면서 졸여주는 조리의 작업방법이다.

- Degrease : 수프, 스톡, 그레이비 등의 뜨거운 액체 위에 떠 있는 지방을 스푼을 이용하여 제거하는 방법. 지방을 고체화시킨 후 제거하기도 한다.

- Delayer : 묽게 하는 것

- Demi glace : '반으로 졸인'의 의미이며 에스파뇰(브라운소스)이나 브라운 스톡을 절반 농축한 갈색소스이고 모체 소스 중의 하나이다.

- Devil : 향이 강한 소스, 쇠고기 스톡에 머스터드, 고추, 양파, 백포도주 또는 피멘토, 풋고추 등을 넣은 것

- Digestif : 리큐어 또는 강한 술로 식사 후에 마시는 술을 말한다.

- Dijon mustard : 프랑스 디종 지방에서 유래된 옅은 잿빛 노란색 겨자로 깨끗하고 날카로운 향으로 유명하다. 순한 맛에서 매운맛까지 있으며 갈색이나 검은색 머스터드 씨, 백포도주, 발효시키지 않은 포도주스, 여러 가지 향신료로 만든다.

- Dolce : 이탈리아어로 '달다'라를 뜻이며 디저트, 캔디 혹은 다른 단 종류의 음식을 지칭한다.

- Dough : 밀가루에 물과 우유를 혼합하여 점성을 살려 만든 빵 반죽

- Draw : 가금류나 생선의 내장을 제거하거

나 혼합물을 정제하는 것을 말한다.

- Dredge : 가루를 음식 위에 뿌리는 것
- Dressing : 보통은 차가운 종류의 소스로 샐러드, 차가운 채소, 생선, 고기요리에 뿌리거나 섞는 데 사용된다.
- Dumpling : 작고 큰 반죽들을 수프나 스튜의 액체 혼합물 속에 떨어뜨려 익을 때까지 조리하는 방법
- Duchesse : 익힌 감자를 갈아서 달걀노른자를 섞은 후 모양을 내서 살라만더나 오븐에 구워 색깔을 낸다.
- Dust : 밀가루나 정제 설탕을 이용하여 음식에 뿌리는 것
- Duxelles : 다진 샬롯이나 양파, 버섯 등을 팬에 볶아 생크림과 브라운소스를 조금 넣고 졸여서 스터핑(Stuffing)이나 육류 위에 올려서 사용한다.

E

- Ecaler : 삶은 달걀 또는 반숙 달걀의 껍질을 벗긴다.
- Ecumer : 식재료를 용기에 담가놓거나 끓이는 과정에서 나오는 거품을 제거하는 것을 말한다.
- Emince : 얇게 저미는(슬라이스 하는) 것
- Enrober : 재료를 감싸다. 옷을 입히다. 초콜릿, 젤라틴 등을 입히다.
- Entrecote : 육류의 갈비뼈 사이의 등심을 일컫는 말로 주로 스테이크용으로 쓴다.
- Edam Cheese : 폴란드산의 부드럽고 짭짤한 치즈로 속은 엷은 노란색을 띤다. 40%

유지방으로 만들며 전채와 주요리 등 다양한 용도로 사용된다.

- Endaubage : 브레이즈에 사용되는 재료들의 혼합물을 말한다. 베이컨, 당근, 양파, 샬롯, 부케가르니, 와인, 독한 술, 오일, 식초, 마늘, 통후추, 소금, 여러 가지 향신료들이 포함될 수 있다.
- Entree : 주요리(메인 요리), 미국에서는 주로 고기의 코스요리를 지칭하고 유럽 일부에서는 공식 디너에서 생선요리와 고기요리 코스의 사이에 서브되는 요리를 지칭한다.
- Escalop : 육류나 가금류, 생선을 얇게 슬라이스 한 조각
- Escargot : 달팽이(Snail)
- Excelsior : 노르망디산 치즈. 지방함량이 72%로 갈색부분이 있는 흰색 껍질에 속은 아이보리색이다. 달콤하고 다소 견과 같은 향미가 있다.
- Essence : 고기 등의 식품에서 추출한 액
- Espagnole : 브라운소스로 만든 소스
- Extracts : 원액을 뽑아내 향미료로 사용되는 농축액(바닐라, 아몬드)을 말하며 적은 양으로도 강한 향을 내준다.

F

- Fajitas : 양파, 고추, 닭고기 등을 적어도 24시간 동안 오일, 라임주스, 고춧가루, 마늘의 혼합물에 절인 후 석쇠에 굽는 방법이다.
- Farce : 잘게 다진 고기, 생선 종류에 채소를 넣는다.
- Figaro sauce : 토마토퓌레와 다진 파슬리

를 홀렌다이즈 소스에 첨가한 것. 생선이나 가금류와 함께 먹으면 좋다.

- **Filet** : 고기, 생선, 허릿살 부분

- **Filet mignon** : 가장 질감이 좋고 살이 연한 쇠고기 안심 부위

- **Fillet** : 뼈를 발라낸 생선, 가금류의 살

- **Filling** : 속을 채우는 형태

- **Flambé** : '태워지는' 또는 '타오르는'이라는 뜻의 프랑스어이다. 디저트 요리 중 바나나 후람베나 크레이프 수제트에서 리큐르나 꼬냑을 이용하여 음식에 불을 붙여서 내는 것을 말한다. 또한 육류요리에서 풍미를 증가시키고 좋지 않은 냄새를 없애며 육질을 부드럽게 하기 위해 후람베를 한다.

- **Flan** : 프랑스어로 Tart라고 하며 pastry의 일종. 과일이나 채소를 이용하여 속을 채우는데, 밀가루 반죽으로 위를 덮지 않아 가지런히 담겨진 재료가 그대로 보이는 것이 특징이다.

- **Flavour** : 맛, 풍미, 향미

- **Foam** : 거품

- **Foie gras** : 거위간

- **Fold** : 거품을 낸 달걀흰자나 크림을 밀가루, 설탕과 잘 섞는 것

- **Fond** : 스톡

- **Fondre** : 녹이다. 팬에 채소를 넣고 기름을 넣은 뒤 색깔이 나지 않도록 약한 불에 천천히 볶는다.

- **Formaggio** : '치즈'를 뜻하는 이탈리아어

- **French dressing** : 보통 소금과 후추, 다양한 종류의 허브를 첨가시킨 기름과 식초의 단순한 혼합물 또는 크림을 넣은 시큼하면서도 달콤한 붉은 오렌지색의 상업용 미국 드레싱

- **French Toast** : 식빵에 달걀 푼 것을 적셔서 팬에 굽는 것, 설탕과 계핏가루를 뿌려서 먹는다.

- **Fricasse** : 화이트 크림소스에 다진 양파와 마늘을 볶은 후 육류나 가금류를 요리하는 것

- **Fritter** : 반죽을 입혀서 튀긴 요리

- **Frying** : 기름에 식재료를 튀겨내는 방법이다. 많은 기름을 많이 넣고 튀겨내는 Deep fat frying과 적은 기름에서 지져내는 Shallow fat frying이 있다.

- **Fromage** : '치즈'를 뜻하는 프랑스어

- **Fumet** : 생선, 가금류, 육류의 스톡에 포도주를 넣고 졸여진 농축된 스톡을 이용하여 고기를 조리는 것을 말한다.

G

- **Galantine** : 뼈를 발라낸 가금류에 소를 넣고 말아서 삶은 조리 방법이다.

- **Garnish** : 음식 위에 장식하거나 장식을 위해서 곁들이는 것을 말한다.

- **Game** : 식용 야생동물의 총칭

- **Garde Manger** : 찬요리를 만드는 주방, 일반적으로 콜 키친이라고 한다.

- **Gazpacho** : 스페인 남쪽 지역에 있는 안델루시아에서 나온 산뜻하고 채소로 만드는 차가운 수프이다. 토마토와 달콤한 파프리카, 양파, 셀러리, 오이, 빵 조각, 마늘, 올리브오일을 이용하여 만든다.

- **Gelatin** : 동물의 연골 등에 함유된 단백질을 가공한 것으로 40~50℃ 물에 용해된다.

- **Gherkin** : 피클을 만들 때 사용하는 작고 진한 녹색 오이

- **Giblets** : 가금류 즉, 칠면조, 닭, 꿩, 메추리 등의 내장을 말한다.

- **Glaceing** : 설탕, 시럽 등을 얇게 식재료나 음식에 바르는 것이다.

- **Glazed** : 음식 위에 소스나 설탕을 입혀 광택이 나게 하는 것

- **Gnocchi** : 이탈리아의 요리로 감자와 밀가루, 옥수수로 만든다.

- **Goulash** : 매콤한 맛이 특징인 헝가리식 쇠고기와 채소 스튜

- **Gourmet** : 미식가, 식도락가

- **Gouda** : 네덜란드산 치즈를 말함

- **Grate** : 강판에 부드럽게 가는 것

- **Gratin** : 음식을 조리하여 익힌 후 살러만더(Salamander), 브로일러(Broiler) 또는 오븐 등을 이용하여 표면에 색을 내어 조리하는 방법이다. 요리할 재료에 크림, 치즈, 버터, 베샤멜 소스, 토마토 소스 등을 올려 열을 가해 색깔을 내는 데 주로 사용한다(감자, 채소, 생선).

- **Gravlax** : 설탕과 소금, 딜(Dill)을 이용하여 브랜디를 뿌려 절인 연어요리

- **Gravy** : 로스트한 고기나 튀긴 고기에서 나온 육즙에 다진 양파와 밀가루를 섞어 만든 되직한 소스

- **Griddle** : 그릴 조리의 한 방법으로 석쇠와는 반대로 두껍고 평평한 철판 위에서 만드는 방법으로 건열과 복사열을 이용한다. 팬케이크, 달걀요리, 샌드위치 등을 그리들(Griddle)에서 조리한다.

- **Grilling** : 그릴 팬(grill pan) 속에 석쇠 모양의 그릴 스탠딩(grill standing)을 넣고 그 위에 음식을 놓아 위에서 아래로 복사되는 열을 이용하여 굽는 방법이다. 연한 고기 스테이크, 내장, 베이컨, 소시지 등을 구울 때 이용한다.

H

- **Hafelet** : 식재료를 꿸 때 사용하는 그릴용 꼬챙이

- **Haggis** : 송아지나 양의 간, 심장, 폐를 가지고 만든 요리

- **Ham** : 돼지 뒷다리 고기로 다리뼈 중간에서부터 엉덩이뼈 사이를 가리킨다. 또는 돼지고기의 지방이 적은 살을 훈제한 것

- **Halal** : 이슬람교 계율에 따라 도축된 고기

- **Hash Brown Potatoes** : 감자를 채로 썰어 베이컨과 향신료를 넣고 성형하여 만든 감자요리

- **Hollandaise** : 녹인 버터와 달걀노른자, 레몬즙, 식초를 이용하여 중탕으로 올려 만든 소스

- **Hors d'oeuvre** : 애피타이저, 전채요리. 관례적으로 식전주(aperitif)나 칵테일과 함께 먹는 작고 짭짤한 음식을 말한다.

- **Hummus** : 중동지방의 음식으로 병아리콩을 삶아서 으깬 것과 오일, 마늘을 섞은 것

- **Hush puppy** : 옥수수 가루로 만든 작은 덤플링. 다진 파로 맛을 내고 튀긴 다음 뜨겁게 해서 먹는다.

I

- **Ice wine** : 포도밭에서 언 포도를 딴 다음 해동되기 전에 짜내서 만드는 맛 좋은 디저트 와인. 포도 내부의 수분이 얼어 있기 때문에 풍미가 좋고 당도와 산도가 높다.
- **Incorporer** : 밀가루에 달걀 등을 넣어 반죽하다.
- **Ivoire** : 흰 육류 글레이즈 또는 송아지 고기 스톡 졸인 것을 넣은 수프나 소스의 한 종류. 주로 포치한 닭고기에 사용한다.

J

- **Jambalaya** : 쌀과 고기에 해산물을 넣고 요리한 것
- **Jerky** : 길고 가는 막대모양으로 잘라서 건조시킨 고기. 장기간 보관이 가능하고 가볍고 운반이 쉽다.
- **Judru** : 짧고 두꺼운 소시지. 돼지고기로만 만들며 부르고뉴 지역의 특산물
- **Jus** : 과일 및 채소주스 또는 육류에서 자연스럽게 나오는 즙을 말한다.
- **Jus de viande** : 아무것도 가미되지 않은 고기 육즙
- **Juter** : 즙을 뿌리다.

K

- **Kebab** : 절여 놓은 고기와 채소조각을 꼬챙이에 끼워서 요리하는 것
- **Kedgeree** : 인도의 생선요리

- **Kefir** : 우유를 발효시킨 신 음료. 원래 낙타 젖으로 만들었다.
- **Kir** : 소량의 cassis로 맛을 낸 백포도주. 보통 아페리티프로 사용한다.
- **Knead** : 빵을 반죽할 때 두 손을 이용하여 접어서 누르고 늘리면서 반죽하는 것
- **Kosher Food** : 히브리의 종교법에 따라 제사를 지낸 음식을 가공한 고기
- **Kuchen** : 과일이나 치즈로 채워서 이스트로 부풀린 케이크. 아침 식사나 후식으로 사용한다.

L

- **Lait** : 우유를 뜻하는 프랑스어
- **Langouste** : 프랑스어로 바닷가재를 말한다.
- **Lard** : 녹여서 정제한 반고체의 돼지기름
- **Larding** : 조리 시 습기를 주기 위해 고기 표면에 염장돈육이나 베이컨의 얇은 조각을 끼워 넣은 것
- **Lardon** : 돼지고기나 베이컨의 가는 조각
- **Lasagna** : 얇고 넓적한 파스타를 삶아 각종 채소와 고기를 볶아 켜켜이 얹고 베샤멜소스나 화이트소스, 치즈를 덮어 오븐에 구워 낸 요리
- **Lentil** : 렌즈콩, 유럽, 특히 프랑스나 중동, 인도음식에 많이 사용된다.
- **Liaison** : 소스, 수프, 스튜 등의 농도를 조절할 때 사용되는 농후제
- **Lier** : 소스에 밀가루, 전분, 달걀노른자 등을 넣어 농도를 맞추는 것

- **Linguine** : 길고 좁고 납작한 국수. 납작한 스파게티라 불린다.
- **Liqueur** : 디저트나 식후주(食後酒)로 사용하는 것으로 과일, 감미료 등으로 향미를 낸 술을 말한다.
- **Loaf** : 다진 고기에 채소와 향신료, 달걀을 섞고 몰드나 굽는 용기에 담아 오븐에 구워낸 요리이다.
- **Low Fat Milk** : 유지방 함유량이 2% 이하인 우유를 말한다.
- **Lyonnaise** : '리용식'으로 감자 등을 얇게 썬 양파와 함께 볶은 요리이다.

M

- **Madeira** : 포르투갈의 마데이라 지역에서 생산되는 주정강화주로 맛과 향이 좋다 .포도주, 체리 포도주와 비슷한 술
- **Macaroni** : 파스타의 종류로 양질의 거친 밀가루와 물로 만든 구멍이 뚫린 관모양의 국수를 말한다.
- **Mandoline** : 스테인리스 스틸로 만든 슬라이스 기구로 여러 가지 채소를 다양한 모양과 굵기로 썰 수 있도록 칼날을 조절할 수 있다.
- **Marbling** : 육류에 포함되어 있는 지방의 분포상태를 말한다.
- **Marinate** : 향신료나 식초, 기름 등을 이용하여 식재료를 재워 두는 것을 말하며, 육질을 부드럽게 하고 풍미를 증가시킨다.
- **Marmalade** : 오렌지나 레몬 등의 껍질로 만든 잼
- **Marrow** : 소나 송아지 뼈(사골) 속에 들어

있는 부드러운 지방(골)
- **Meat extract** : 스톡(stock)을 가열 농축하여 젤라틴 상태로 조린 용액
- **Medallion** : 동그란 형태의 쇠고기 안심
- **Melba** : 디저트로 아이스크림 위에 복숭아 설탕조림을 얹는 것
- **Melt** : 열을 가하여 용해시키거나 액체로 만드는 것
- **Meringue** : 달걀의 흰자와 설탕을 함께 휘저어 거품이 일어나게 한 것. 파이, 푸딩 등의 여러 가지 디저트에 사용하거나 구워서 사용한다.
- **Microwave oven** : 마그네트론이라고 하는 장치에서 발생하는 전자기파(전자파와 유사함)가 식품을 관통하여 식품 내 물분자가 진동하도록 하는 오븐. 이 급속한 분자의 움직임이 열을 발생시켜 식품을 익게 한다.
- **Mignon** : 쇠고기 안심의 부위
- **Mijoter** : 약한 불에 천천히 익히는 것
- **Mince** : 아주 작은 조각으로 써는 것. Chopping보다 작은 크기로 다진다.
- **Minestrone** : 이탈리아의 대표적인 채소 수프를 말한다.
- **Mirepoix** : 당근, 양파, 셀러리를 일정한 크기로 썰어 소스나 스톡, 수프 등에 사용하는 채소를 말한다.
- **Mise en Place** : 요리를 하기 전에 사전 준비해 놓는 것
- **Mole** : 틀, 형
- **Monte** : 소스나 수프를 부드럽게 하기 위해 마지막에 버터나 크림을 넣는 것을 말한다.
- **Mould** : 특정한 모양의 요리를 만들기 위한 형틀

- Mousse : 크림, 달걀, 젤라틴, 초콜릿, 과일 같은 향미제를 사용하여 만든 부드럽고 맛있는 디저트

N

- Napoleons : 퍼프 패스트리 등에 크림을 넣어 만든 프랑스식 빵의 일종
- Nasi goreng : 인도네시아식 볶음밥
- Nap : 음식을 소스로 살짝 입혀서 하나의 얇고 고른 층으로 음식을 덮는 것
- Nicoise : 프랑스 '니스 지방'의 조리방식
- Nouvelle cuisine : 새로운 프랑스 요리(법)로, 가능한 한 밀가루와 지방을 쓰지 않으며 담백한 소스와 신선한 제철의 것을 이용하는 현대식 요리법

O

- Omelet : 달걀을 풀어 간을 맞추고 버터나 기름을 이용하여 타원형으로 성형하여 만든 달걀요리
- Open faced : 요리에서 빵 한쪽에 얇게 썬 고기, 치즈, 피클 등 다양한 재료를 올린 샌드위치를 묘사하는 말
- Oregano : 서양 향신료의 일종으로 토마토 요리에 잘 어울린다.
- Organic Food : 유기농 즉, 화학비료를 쓰지 않고 생산한 식재료를 말한다.
- Orange zest : 오렌지 껍질을 설탕으로 조린 것
- Orly : 생선을 반죽이나 달걀에 담근 다음

빵가루를 입혀서 튀기고 기름기를 뺀 후에 토마토 소스와 함께 서브하는 생선요리법
- Osso buco : 이탈리아 음식으로 송아지 다리 부위에 올리브유, 백포도주, 스톡, 양파, 토마토, 마늘, 앤초비, 당근, 셀러리, 레몬 껍질을 넣고 기름으로 살짝 익힌 후 푹 끓인 요리

P

- Paella : 양파와 마늘에 쌀을 볶아 채소와 닭고기, 해산물, 샤프란, 토마토 소스 등을 넣어 만든 스페인식 쌀요리를 말한다.
- Parboiling : 완전히 익히지 않고 겉만 익도록 끓이는 방법이다.
- Parfait : 다양한 색깔의 아이스크림을 키가 큰 파르페 글라스에 채우고 시럽이나 과일을 첨가하여 제공하는 디저트
- Pastry bag : 육류나 채소를 잘게 다져 고루 섞은 재료를 담아 스터핑에 사용하는 도구
- Pat au Feu : 국물이 있는 탕 요리를 말하는데, 가금류와 쇠고기로 만드는 프랑스 요리이다.
- Pate(pate) : 육류, 채소, 향신료 등을 섞어 도우(Dough)로 싸서 구운 요리
- Patisserie : 제과사, 제과점
- Peel : 껍질을 벗기다.
- Petit four : 식사 후 커피, 차와 함께 내는 아주 작은 모양의 케이크류를 말한다.
- Piccata : 송아지 고기를 얇게 편 후 혼합한 달걀과 치즈를 입혀 팬에 익힌 요리
- Pickle : 오이, 풋고추, 양파 등을 소금, 식초, 설탕에 담가서 만든 가공식품

- **Pickling Spice** : 피클을 만들 때 사용하는 향신료 혼합물로서 향미를 내는 데 사용한다.

- **Pie** : 바닥에 페이스트리 크러스트(pastry crust)를 깔고 그 위에 고기나 과일로 채워서 구운 요리

- **Pilaf** : 밥에 고기, 새우, 채소 등을 넣고 버터로 볶은 밥

- **Pinch** : 건조된 재료의 양을 재는 단위로 엄지와 검지로 쥘 수 있는 정도의 양이다. 대략 1/6티스푼에 해당된다.

- **Poaching** : 비등점 이하의 물에 달걀이나 생선과 같은 식재료를 잠깐 넣어 익히는 것을 말하며, 단백질의 유실을 방지하고 건조해지거나, 딱딱해지는 것을 방지한다. 풍미가 뛰어난 액체를 66~85℃ 온도에서 부드럽게 시머링(Simmering)하여 음식을 조리하는 방법이다.

- **Poisson** : 프랑스어로 생선을 말한다.

- **Polenta** : 옥수수 가루에 우유의 파마산 치즈를 넣고 끓여 만든 죽 형태의 요리

- **Potage** : 걸쭉한 수프의 총칭

- **Pot-au-feu** : 고기와 채소를 넣어 함께 오래 끓인 요리

- **Provencal** : 프랑스 '프로방스 지방식'으로 준비된 음식. 마늘, 토마토, 올리브, 앤초비가 들어간다.

- **Puree** : 주로 채소류를 삶아서 으깨어 걸쭉하게 한 것

Q

- **Quail egg** : 메추리 알

- **Quenelle** : 생선이나 육류 또는 채소를 양념하여 곱게 갈아 만든 가볍고 부드러운 덤플링

- **Quiche** : 달걀을 풀고 각종 채소와 치즈, 향신료를 넣고 고루 섞은 후 오븐에서 구워낸 요리

R

- **Ratatouille** : 정통 프랑스 요리로 여러 채소를 작은 주사위형으로 썰어 토마토, 향신료 등을 넣고 볶아낸 요리

- **Reduction** : 액체 상태를 졸이는 것

- **Reduce** : 소스나 즙을 농축시키기 위해서 끓여서 졸인다.

- **Ragout** : 스튜로 고기, 채소를 넣고 걸쭉하게 끓인 것

- **Ravioli** : 이탈리아식 파스타요리의 일종

- **Recipe** : 조리법

- **Refresh** : 재료를 데친 다음 더 많이 익는 것을 방지하기 위해서 차가운 물에 담그거나 헹굼

- **Render** : 낮은 온도로 가열하여 육류에 지방을 녹여내는 것

- **Ricotta Cheese** : 이탈리아산 치즈의 일종

- **Risotto** : 쌀과 채소, 육류 또는 해산물을 스톡에 넣고 끓여 죽보다는 되고 밥보다는 질게 만드는 쌀 요리

- **Rissole** : 오븐에서 갈색이 나도록 구운 음식

- **Roasting** : 육류 또는 가금류, 생선 등을 통째로 밀폐된 공간의 오븐에서 굽는 방법이

다. 식재료의 표면을 센 불에서 재빨리 색을 내어 허브 또는 향신료를 뿌리거나, 버터 및 양 겨자를 발라주며, 150~250℃에서 굽는다. 저온에서 장시간 구운 것일수록 연하고 육즙의 손실이 없으므로 맛이 좋다.

- **Roe** : 어란의 총칭이다. 캐비어, 청어알, 연어알 등이 있다.
- **Roesti Potato** : 잘게 썬 감자의 양면을 팬에 소테하여 바삭바삭하고 색이 나도록 한 감자요리
- **Round** : 쇠고기의 엉덩이 부위로 우둔육이라고 한다.
- **Roux** : 수프나 소스의 기초 되는 것으로서 밀가루와 버터를 동량하여 볶아서 걸쭉하게 만든 것
- **Royale** : 달걀과 우유를 혼합하여 포치한 커스타드
- **Rum** : 사탕수수 즙이나 당밀 발효한 것을 증류한 술

S

- **Salamander** : 상열이 공급되는 작은 브로일러 모양의 가열기구
- **Salami** : 간을 많이 넣은 돼지고기와 쇠고기로 만든 소시지
- **Sauteing** : 160~240℃로 달군 프라이팬을 이용하여 버터나 오일을 넣고 식재료를 짧은 순간 볶는 방법으로 적은 양을 순간적으로 익히는 데 매우 효과적인 조리법이다.
- **Scale** : 재료의 무게를 재는 저울 또는 생선의 비늘을 말한다.

- **Score** : 고기나 생선의 표면에 다이아몬드 모양으로 칼집을 내는 것
- **Searing** : 식재료를 강한 불에서 재빨리 볶아내는 방법으로 표면을 갈색화시킨 것
- **Seasoning** : 조리하는 과정에서 첨가하는 양념 즉, 소금, 후추로 간을 하는 것을 말한다.
- **Shank** : 소, 송아지, 돼지 또는 양의 앞다리를 말한다. 맛이 좋으나 질기므로 장시간 끓여야 한다.
- **Shellfish** : 갑각류
- **Sherbet** : 주요리 전에 제공되는 과일을 이용해서 얼린 것
- **Sieve** : 체나 망을 써서 식품의 입자나 액체를 걸러내는 것
- **Sift** : 가루로 된 식품재료를 체에 쳐서 덩어리가 없도록 하는 것
- **Simmering** : 끓이지 않고 식지 않을 정도의 약한 불에서 조리하는 것을 의미하며, 85~93℃의 액체 속에서 음식을 일정하게 천천히 조리하는 방법이다.
- **Skewer** : 철이나 나무로 된 꼬치로 식재료를 끼우는 것
- **Skin** : 요리 전후에 음식물의 껍질을 제거하는 것
- **Smoked** : 식품을 연기에 노출시켜 향미를 주고 보존 처리하는 몇 가지 방법. 식품을 완전히 익히지 않는 저온 훈제, 식품을 완전히 익히는 고온 훈제, 스모크 로팅이 있다.
- **Sous Vide** : 조리하면서 영양성분의 파괴를 최소화하기 위하여 식품을 비닐봉지에 담아 진공포장한 후 약한 열로 최소한의 시간 동안 요리하는 조리법이다.

- **Souffle** : '부풀리다'라는 뜻으로 거품을 낸 달걀흰자에 밀가루, 치즈 등을 섞어 오목한 그릇에 담아 오븐에서 굽는 디저트 요리
- **Spatzle** : 밀가루와 우유, 파마산 치즈를 혼합하여 반죽을 만들어 끓는 액체에 조금씩 떨어뜨려 만드는 부드러운 국수 또는 작은 덤플링(Dumpling)
- **Steaming** : 증기를 사용하여 조리하는 방법으로 물에 삶는 것보다 영양의 손실이 적고 풍미와 색채를 살릴 수 있는 장점이 있다. 채소, 육류, 가금류, 생선의 조리, 푸딩 등에 이용된다.
- **Steel** : 칼날을 가는 데 사용하는 도구
- **Steep** : 뜨거운 물에 담가서 색과 맛이 우러나게 하는 것
- **Stewing** : Braising(브레이징)하는 방식으로 Stewing Pan에 고기, 채소 등의 식재료를 크게 썰어 오일이나 버터에 볶은 후 스톡이나 소스를 넣고 레인지 위에서 장시간 끓인다.
- **Stir-fry** : 강한 불에 휘저으면서 재빠르게 볶는 방법이다.
- **Strainer** : 입자 있는 음식찌꺼기를 거르기 위해 액체를 체에 거르는 것
- **Stock** : 육류나 채소 등을 끓인 국물로 수프나 소스 등에 사용한다.

T

- **Tabbouleh** : 으깬 밀에 작은 주사위모양으로 썬 토마토와 양파, 마늘, 허브를 다져 넣어 만든 중동식 샐러드를 말한다.
- **Tapas** : 에스파냐어로 타파(Tapa)는 덮개라는 뜻이며 에스파냐 안달루시아 지방에서 음식에 덮개를 덮어 먼지나 곤충으로부터 보호한 데서 유래한 명칭이다. 즉, 주요리를 먹기 전에 작은 접시에 담겨져 나오는 소량의 전채요리이다.
- **Tartar Sauce** : 마요네즈에 다진 양파, 피클, 파슬리, 레몬즙, 소금, 후추를 넣어 만든 소스이다.
- **Tartar-Steak** : 부드럽고 신선한 육류를 썰어 다진 양파, 마늘, 케이퍼, 토마토 케첩 등의 여러 가지로 양념하여 애피타이저, 카나페, 주요리 등으로 제공한다.
- **Tarte** : 과일이나 크림으로 속을 채운 작은 파이
- **Tabasco** : 붉은 고추와 식초를 가공·농축한 매운 소스로서 애피타이저, 샐러드, 소스 등의 조미에 쓰인다.
- **Tapenade** : 올리브, 케이퍼, 앤초비, 레몬즙, 파슬리 등을 곱게 다져서 섞어 만든 양념
- **Tart** : 옆면이 낮은 패스트리 빵 껍질의 속을 채운 다음 또 다른 빵 껍질로 위를 덮지 않은 것
- **Thin** : 수프, 소스 반죽 등과 같은 혼합물에 액체를 더 첨가하여 희석하는 것
- **Timbale** : 육류나 닭고기 등을 원형의 틀에 넣고 성형하는 기구
- **Tortilla** : 멕시코의 옥수수로 만든 건과자류를 말한다.
- **Toss** : 식재료의 조각들을 여러 번 뒤집거나 떨어뜨려 재료들을 골고루 섞는 것
- **Truffle** : 송로버섯이라고 하며 나무뿌리 근처의 땅속에서 자라는 균류의 일종. 훈련된 돼

지나 개를 이용하여 찾아낸다.
- **Truss** : 조리하는 동안 모양을 잡아 주고 육즙을 보존하기 위해 날개나 다리를 실로 묶거나 꼬챙이로 끼우는 것

V

- **Vermicelli** : 가느다란 국수
- **Veal** : 1~3개월 정도 된 어린 송아지 고기
- **Vichyssoise** : 차갑게 만든 감자크림수프
- **Vinaigrette** : 식초와 오일을 넣어 만든 식초 드레싱을 말한다.
- **Vintage** : 같은 해에 수확한 포도를 95% 이용하여 만든 와인
- **Vichy** : 채소류에 버터와 설탕을 첨가하여 윤기를 내는 것
- **Vin** : 포도주

W

- **Walk-in refrigerator** : 걸어 들어갈 수 있는 대형 냉장고
- **Whipping** : 달걀 등과 같은 재료를 저어서 공기를 넣어 거품을 내는 것
- **Whole Grain** : 빻거나 가공하지 않은 곡식의 낱알
- **Worcestershire sauce** : 영국인에 의해 인도에서 개발된 조미료로 묽고 어두운 색의 톡 쏘는 맛을 가졌다. 우스터셔가 원산지이며 식품의 맛을 내기 위해 사용
- **Wrap** : 식재료 등을 포장하는 것

Y

- **Yeast** : 효모
- **Yoghurt** : 유익한 세균의 침투로 우유가 응고되고 발효된 유제품. 크림 같은 질감에 약간 시큼한 맛을 낸다.
- **Yolk** : 달걀노른자
- **Yorkshire pudding** : 영국의 로스트비프에 추가되는 음식. 달걀, 우유, 밀가루를 섞은 반죽을 쇠고기를 조리하는 동안 나온 기름을 사용하여 황금갈색이 될 때까지 구운 것이다.

Z

- **Zest** : 오렌지나 레몬 등 감귤류 껍질을 벗긴 후 줄리엔느로 길게 썬 것. 썬 껍질은 물에 살짝 삶아 쓴맛을 제거하여 사용하거나 설탕물에 졸여 디저트나 가금류 요리에 가니쉬로 사용한다.
- **Zucchini** : 호박, 애호박
- **Zuppa** : 이탈리어의 수프를 말한다.

찾아보기

산업기사

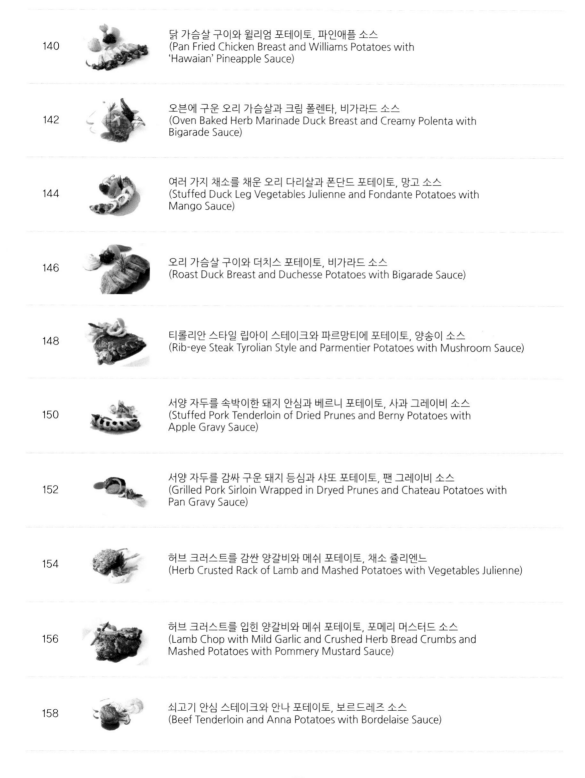

참고 문헌

Basic Culinary Arts, 한국관광공사, 1985.

진양호, 현대서양요리, 형설출판사, 1990.

최수근, 서양요리, 형설출판사, 1993.

최수근, 소스의 이론과 실제, 형설출판사, 1996.

The Culinary Institute of American, The Professional Chef, 7th edition, 1996.

장명숙, 서양요리, 신광출판사, 1999.

찰스 B.헤이저 2세, 문명의 씨앗, 음식의 역사, 가람기획, 2000.

롯데호텔 조리 직무교재, 2001.

정혜정, 조리용어사전, 효일출판사, 2001.

최주락, 서양요리, 형설출판사, 2001.

쓰지하라 야스오, 음식 그 상실을 뒤엎는 역사, 창해, 2002.

조리교재 발간위원회, 조리체계론, 한국외식정보, 2002.

최수근, 최수근의 서양요리, 형설출판사, 2003.

오석태, 서양조리학개론, 신광출판사, 2005.

염진철 외, 전문조리사를 위한 고급서양요리, 백산출판사, 2006.

염진철 외, Basic western cuisine, 백산출판사, 2006.

김헌철 외, Premier Western Cuisine, 훈민사, 2006.

한순혜, 허브도감, 아카데미 서적, 2006.

한치원 외, 뉴 서양조리, 효일출판사, 2006.

박희준, 와인 그리고 허브향이 그윽한 유럽의 코스 요리, 현학사, 2007.

Herbst Sahron Tyler, The food lover's companion, Barron's, 2007.

한국식품과학회, 식품과학기술대사전, 광일출판사, 2008.

진양호, 만들기 쉬운 서양조리, 지구문화사, 2009.

손주영 외, 서양음식, 백산출판사, 2010.

염진철 외, 기초서양조리, 백산출판사, 2011.

한춘섭 외, 정통 이태리 요리, 백산출판사, 2011.

리처드 랭엄, 요리본능, 사이언스북스, 2011.

김동일 외, 최신 서양요리, 대왕사, 2012.

민계홍 외, 서양조리실무, 기문사, 2012.

안종철, 프랑스 요리실습, 백산출판사, 2012.

김세한 외, 새로운 고급 서양조리, 백산출판사, 2012.

김병희, 롯데인재개발원 아크로폴리스(샤롯데 경영포럼), 2012.

저/자/소/개

김병희

가톨릭관동대학교 일반대학원 외식조리경영학 박사
現) 롯데호텔 서울 조리팀 라센느 총괄 책임자
現) 기능경기대회 심사위원
現) 한국산업인력관리공단 실기 감독위원
現) 사단법인 한국조리기능장협회 이사
문화체육부장관상, 서울시장상 외 다수
대한민국 조리기능장

배인호

경기대학교 관광대학원 외식산업경영학과 관광학 박사
前) 밀레니엄 서울 힐튼호텔 근무
現) 김천대학교 호텔조리 외식경영학과 조교수
現) 대한민국 요리대회 심사위원
現) 한국산업인력관리공단 실기 감독위원
해양수산부, 농림수산부 장관상 외 다수

양동인

세종대학교 일반대학원 조리외식 경영학과 박사과정
現) 공군 항공안전관리단 조리실장
現) 한국산업인력 관리공단 실기 감독위원
    (조리기능사, 조리산업기사)
농림축산식품부 장관상, 서울시장상,
최우수 지도자상 외 다수
대한민국 조리기능장

현명숙

국립 한경대학교 산업대학원 영양조리과학과 이학석사
現) 전통음식연구소 "숙향" 대표
現) ㈜선경, 행복도시락 메뉴개발이사
現) 농림수산 식품기술기획 평가원
現) 한국산업인력관리공단 실기 감독위원
농림축산식품부 장관상, 서울시장상 외 다수
대한민국 조리기능장

김동수

경기대학교 관광대학원 외식산업경영학과 관광학 박사
前) 현대호텔 조리팀 총주방장
前) 신라호텔 조리팀
前) 인터컨티넨탈호텔 조리팀 과장
現) 가톨릭관동대학교 조리외식경영학과 교수
대한민국 조리기능장

박범우

가톨릭 관동대학교 일반대학원 호텔조리 외식경영학과 박사과정
前) 롯데호텔 서울 조리팀 근무
現) 기능경기대회 심사위원
現) 한국산업인력관리공단 실기 감독위원
現) 안동과학대학교 호텔조리과 교수
보건복지부 장관상, 식품의약품안전처장상 외 다수
대한민국 조리기능장

김세환

경기대학교 일반대학원 외식조리관리 석사
前) JW메리어트호텔 서울, 조리장
前) 코트야드메리어트 서울판교, 조리장
現) 전국기능경기대회 요리부분 문제 출제위원
現) 국가기술자격 산업기사, 기능장 실기 감독위원
現) 부천대학교 겸임교수
대한민국 조리기능장

정삼식

가톨릭 관동대학교 일반대학원 호텔조리 외식경영학과 박사
前) 호텔인터불고 총주방장
前) 대한민국 요리대회 심사위원
現) 한국산업인력관리공단 실기 감독위원
現) 송호대학교 호텔외식조리과 교수

김기훈

경희대학교 일반대학원 조리외식경영학석사
現) 롯데호텔 조리팀 근무
現) 장안대학교 겸임교수
NS홈쇼핑 요리대회 대상 외 다수
양식산업기사

공석길

극동대학교 대학원 호텔관광경영 경영학 박사
前) 노보텔 앰배서더 강남호텔 총주방장
現) 기능경기대회 심사위원
現) 한국산업인력 관리공단 실기 감독위원
現) 호원대학교 외식조리학부 교수
문화체육관광부 장관상, 서울시장상 외 다수
대한민국 조리기능장

한권으로 끝내는
양식조리기능사 · 산업기사

2013년	2월	25일	초판 발행
2016년	2월	15일	개정판 발행
2017년	2월	13일	2개정판 발행
2018년	2월	26일	3개정판 발행

저 자	김병희 · 양동인 · 김동수 · 배인호 현명숙 · 박범우 · 정삼식 · 공석길 김세환 · 김기훈
발 행 인	김홍용
펴 낸 곳	도서출판 효일
디 자 인	에스디엠
푸드스타일링	김병희
푸 드 촬 영	젠틀포토
주 소	서울시 동대문구 용두2동 102-201
전 화	02) 460-9339
팩 스	02) 460-9340
홈 페 이 지	www.hyoilbooks.com
등 록	1987년 11월 18일 제 6-0045호

※ 무단복사 및 전재를 금합니다.

값 23,000원

ISBN 978-89-8489-445-7